MANUEL
D'AGRICULTURE

DES PROPRIÉTAIRES ET DES MÉTAYERS

du Périgord et des contrées soumises au système agricole du Métayage;

DÉDIÉ A M. MAGNE,

MINISTRE DES TRAVAUX PUBLICS;

présenté

à l'examen de Messieurs les Membres du Conseil Général
de la Dordogne, à la Session de 1852 ;

par LUDOVIC MAURIAL,

Élève de l'Institut agronomique de Grignon; régisseur.

> .... Ne vendez l'héritage
> Que vous ont laissé vos parents:
> Un trésor est caché dedans.
> (LAFONTAINE)

PÉRIGUEUX,
Librairie de M. LENTEIGNE, rue
Taillefer, près le Triangle.

BORDEAUX,
Librairie de CHAUMAS-GAYET,
Fossés du Chapeau-Rouge.

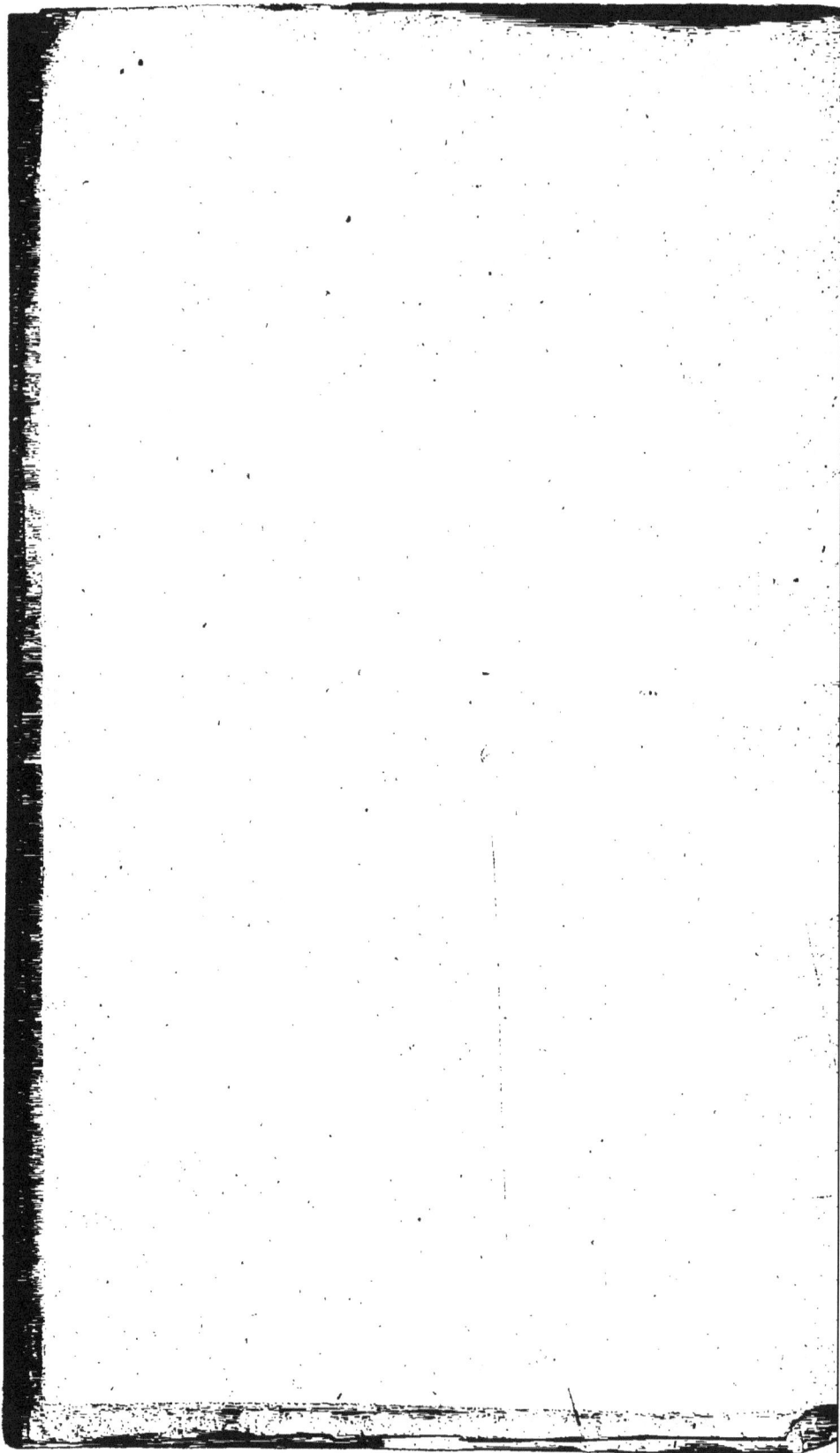

MANUEL
D'AGRICULTURE

DES PROPRIÉTAIRES ET DES MÉTAYERS

du Périgord et des contrées soumises au système agricole du Métayage ;

DÉDIÉ A M. MAGNE,

MINISTRE DES TRAVAUX PUBLICS;

présenté

à l'examen de Messieurs les Membres du Conseil Général
de la Dordogne, à la Session de 1852 ;

par Ludovic MAURIAL,

Élève de l'Institut agronomique de Grignon ; régisseur.

.... Ne vendez l'héritage
Que vous ont laissé vos parents ;
Un trésor est caché dedans.

(LAFONTAINE)

BORDEAUX,

IMPRIMERIE GOUNOUILHOU, RUE SAINTE-CATHERINE,
139.

A M. Magne, Ministre des Travaux publics.

MONSIEUR LE MINISTRE,

En vous dédiant ce Manuel, j'ai plus compté sur votre haute bienveillance que sur le mérite de mon œuvre. Daignerez-vous, Monsieur le Ministre, trouver une excuse pour sa faible valeur, dans l'intention qui m'a dirigé.

Connaissant la situation peu prospère de l'agriculture dans notre département; convaincu qu'il est possible, j'oserai même avancer, qu'il est facile de la placer dans une condition meilleure, j'ai cru devoir chercher, dans la mesure de mes connaissances agricoles, la voie qu'il faudrait suivre pour arriver à ce but.

En donnant à mon travail les proportions de Manuel, pour le mettre à la portée de tous les cultivateurs, j'ai cherché néanmoins à étudier le pays selon les ressources qu'il offre au développement du progrès agricole, et les moyens de les mettre en pratique. Pour arriver à ce résultat, j'ai discuté successivement les opérations du travail immédiat de la culture, l'art qui les dirige et la science qui les éclaire.

Ne réussirais-je, Monsieur le Ministre, qu'à provoquer la sollicitude des agriculteurs plus instruits et plus expérimentés, je serais encore heureux d'avoir en cela essayé d'être utile à mon département.

Tous ces motifs, Monsieur le Ministre, m'ont engagé à oser vous dédier mon ouvrage. Étant composé dans une intention d'utilité pour le Périgord, j'ai cru que le nom de l'un de ses plus illustres enfants devait être placé sur la première ligne.

Daignez encore voir dans cette dédicace, Monsieur le Ministre, l'hommage bien respectueux de ma profonde admiration pour votre éminent caractère.

Daignez agréer, Monsieur le Ministre, l'expression sincère de mes sentiments respectueux.

Votre très-humble et très-obéissant serviteur,

G.-L. MAURIAL.

A M. le Préfet du département de la Dordogne.

Monsieur le Préfet,

J'ai l'honneur de vous adresser le manuscrit d'un Manuel Agricole à l'usage des propriétaires et des métayers du département de la Dordogne. J'ai cru devoir laisser ce travail inédit jusqu'au moment où les hommes éclairés qui composent le Conseil Général auront prononcé sur son mérite.

Le travail que j'ai l'honneur de vous soumettre, Monsieur le Préfet, se divise en cinq parties.

La première est l'étude du département sous les rapports géographique, topographique, industriel, climatérique, commercial et agricole. Sous ces divers titres, j'ai cherché à faire ressortir les circonstances favorables ou contraires qui pouvaient permettre ou arrêter les progrès agricoles, par l'extension de certains procédés, la modification des autres et la suppression des mauvais.

La seconde est l'étude des principes raisonnés d'agriculture, considérée dans ses rapports avec la nature du sol, les modifications que de bons instruments, des amendements et des engrais peuvent lui faire avantageusement subir. Dans cette partie, il est fait un examen expliqué des plantes le plus généralement cultivées ; leur place selon la nature du sol et sa fertilité ; leur proportion dans la culture ; leurs produits comme fourrages, grains, légumes, s'y trouvent mentionnés. Il y est surtout parlé de l'importance de chacune d'elles, eu égard aux débouchés ou à la consommation de la contrée. La conservation des récoltes est aussi l'objet d'un article spécial. Une dissertation sur les animaux domestiques, sous le double rapport du travail et du profit, l'élève, l'engraissement du bétail, les bâtiments, la culture de la vigne, des bois, etc., termine cette seconde partie.

La troisième partie traite de l'administration des domaines ruraux ; de l'emploi des capitaux ; des moyens d'évaluer la propriété ; de son administration par faire valoir ou par métayer ; des améliorations, de l'économie du bétail ; du calcul pour rechercher les meilleures spéculations qu'il fournit ; de la main-d'œuvre ; de la valeur relative des substances alimentaires ; de la comptabilité agricole et des assolements ou successions raisonnées des cultures.

La quatrième partie est l'application des trois précédentes ; c'est un plan de culture appuyé sur les circonstances locales, indiquant les moyens de culture d'après les principes exposés à la seconde partie, et raisonné d'après les études économiques. Des calculs prévisionnels indiquent la marche à suivre pour apprécier, selon ses ressources, la valeur d'un système de culture.

La cinquième partie est un calendrier agricole, indiquant les travaux ordinaires qui se font à chaque saison et pendant chaque mois.

Telle est, Monsieur le Préfet, l'analyse succincte du travail que j'ai l'honneur de soumettre à votre bienveillance.

Daignez agréer, Monsieur le Préfet, l'assurance de mon profond respect.

Votre très-humble et très-obéissant serviteur,

G.-L. MAURIAL.

EXTRAIT

Du Rapport de M. le Préfet au Conseil Général de la Dordogne, à la session de 1852.

Manuel d'Agriculture des Propriétaires et des Métayers.

Sous ce titre, M. Maurial, élève de Grignon, vient de dédier à M. Magne, ministre des travaux publics, un livre qui, si j'en juge par la lecture rapide que j'en ai faite, mériterait tout votre intérêt.

L'auteur a désiré que ce livre vous fût présenté avant d'être livré à l'impression. Je ne doute pas que le Rapport qui vous sera fait par la commission à laquelle vous en aurez confié l'examen, ne justifie la bonne opinion que j'en ai conçue.

En considération du bien que ce livre, tout spécial à la Dordogne, me paraît destiné à produire dans ce département, peut-être jugerez-vous convenable d'accorder à son auteur, indépendamment des justes éloges que méritent ses efforts, un encouragement pécuniaire.

EXTRAIT

Du procès-verbal des délibérations du Conseil Général de la Dordogne.

SESSION DE 1852. — SÉANCE DU 27 AOUT.

« Le Conseil a reçu la communication qui lui a été faite par
» M. Maurial, élève de Grignon, de son ouvrage intitulé : *Ma-*
» *nuel Agricole du Périgord.* Après en avoir pris connais-
» sance, le Conseil est resté convaincu de la salutaire in-
» fluence que cet ouvrage spécial doit exercer sur l'agricul-
» ture du département ; il en remercie l'auteur et l'encourage
» à persévérer dans ses travaux, et regrette sincèrement que
» la situation financière du département l'empêche de lui té-
» moigner son intérêt par un vote d'une autre nature. »

AVERTISSEMENT.

Ce Manuel étant un Cours d'Agriculture essentiellement pratique, nous avons pris, pour établir l'étude du pays, le département de la Dordogne. Les principes agricoles qui sont exposés dans cet ouvrage, sont souvent mis en application pour le Périgord, dans le but principal de localiser l'usage des procédés que nous indiquons. Il est facile d'étendre à tous les pays les méthodes enseignées dans ce travail, en les modifiant selon les diverses situations. Ainsi, partout il y a à faire l'étude géographique, topographique, commerciale, industrielle et climatérique de la contrée à cultiver; partout on peut faire l'application des principes d'agriculture qui sont invariables dans le fond; partout on a à se rendre compte des effets présumés d'un système agricole au moyen de la science administrative des domaines ruraux; partout encore on peut dresser un plan de culture d'après les données recueillies sur les lieux où l'exploitant veut exercer son industrie.

On objecte trop souvent qu'on ne fait pas de l'agriculture dans le Midi comme dans le Nord; c'est une erreur qui en fait commettre beaucoup d'autres. Dans tous les pays, on fait de l'agriculture dans le but unique d'obtenir du sol un bénéfice aussi grand

1*

que possible. On modifie seulement certains procédés et la culture de certaines plantes, d'après les besoins et la faculté productrice de chaque pays. Mais partout on laboure, on sème et on fume avec plus ou moins d'habileté. La seule chose que nous croyons qu'on puisse apprendre en tous pays, c'est la perfectibilité de l'exécution des divers travaux agricoles pour les rendre plus prompts et moins coûteux, et à administrer la propriété d'une manière plus éclairée.

C'est vers ce but que nous nous dirigeons dans ce Manuel. Notre méthode peut encore servir à diriger l'étude des ouvrages des plus célèbres agronomes, en ce qu'elle classe au rang que chacune d'elles doit occuper, toutes les branches de l'agriculture. Cet ouvrage peut aussi fournir d'utiles renseignements aux petits comme aux grands propriétaires; alors même qu'ils ne voudraient faire que des améliorations de détail.

MANUEL D'AGRICULTURE

des Propriétaires et des Métayers

DU PÉRIGORD ET DES CONTRÉES SOUMISES AU SYSTÈME
AGRICOLE DU MÉTAYAGE.

Iʳᵉ PARTIE.

ÉTUDE DU PAYS.

Géographie. — Le département de la Dordogne se
trouve entre les 45ᵉ et 46ᵉ degrés de latitude, et les 1ᵉʳ et
2ᵉ degrés de longitude du méridien de Paris, borné au
nord par le département de la Haute-Vienne, au midi
par celui de Lot-et-Garonne, à l'est par la Corrèze et le
Lot, et au couchant par la Charente-Inférieure, la Cha-
rente et la Gironde. Il est composé de 5 arrondisse-
ments, 47 cantons et 585 communes; sa superficie est
de 941,400 hectares; sa population, de 505,557 habitants.

Topographie. — La nature est loin d'avoir été marâtre
pour le département. Par des motifs qu'il serait trop
long de rechercher, l'homme y a négligé de profiter des
ressources qu'il avait sous sa main. En effet, il n'est pas
de pays si heureusement accidenté, d'une constitution
géologique plus variée, et dont le sol fournisse plus de
moyens de diversifier les cultures. Six rivières et près

de 600 ruisseaux arrosent le département dans toutes ses directions : les vallées que ces cours d'eau parcourent sont généralement fertiles. Le pays est pourvu d'une certaine couche arable, à part quelques rares parties où la roche calcaire est à nu.

Les communications avec les départements voisins sont très-faciles ; le Périgord est traversé dans toute sa longueur, du nord au sud, par la route impériale de Paris à Pau ; de l'ouest à l'est, par celle de Bordeaux à Lyon ; et au nord-ouest, par celle d'Angoulême. A l'intérieur, des routes départementales établissent des relations entre tous les chef-lieux d'arrondissement et avec presque tous les cantons. Périgueux et Bergerac ont chacun un port qui permet des débouchés à l'exportation par Bordeaux. Le département, par sa position géographique, ne peut manquer d'avoir bientôt une ligne de chemin de fer.

Industrie. — On trouve dans la Dordogne une quantité considérable de hauts fourneaux, forges à fer, tuileries, briquetteries, fours à chaux, papeteries, tréfileries et minoteries, toutes industries qui ont des rapports très-utiles et souvent intimes avec l'agriculture.

Les mines de fer sont très-nombreuses, mais mal exploitées ; des ouvriers creusent la terre en forme de puits, d'une profondeur variable, en extraient le minerai, et recommencent un peu plus loin ; ils établissent ainsi un foule de piéges pour les hommes et les animaux. Nous ne parlerons pas des mines de manganèse et de baryte qu'on rencontre dans quelques localités : elles n'ont pas assez de rapports connus avec le sujet que nous voulons traiter. Nous ne parlerons aussi que pour mémoire du felospath que l'on trouve dans le nord du département, et qui, dégagé de sa substance alcaline (la potasse), sert à préparer le kaolin employé par les fabriques de porcelaine.

Les taillis châtaigniers, qui sont nombreux, donnent un produit considérable; ils servent à faire des cercles et des échalas. Les bois sont nombreux, mais peu fournis.

Le département fournit encore un cryptogame fort estimé, *la truffe;* plusieurs autres champignons comestibles s'y trouvent en abondance, et donnent quelques ressources aux habitans des campagnes, qui vont les vendre dans les villes ou villages voisins.

Propagation de l'agriculture. — Le département de la Dordogne possède une Société d'agriculture, très-soucieuse des progrès agricoles : il se publie chaque mois, sous ses auspices, une revue agricole aussi instructive que pratique.

Il y existe aussi une ferme-modèle qui a fourni de bons élèves, dont l'instruction est peut-être trop élémentaire, mais qui est sans doute en rapport avec les ressources de cette institution. On doit à M. de Lentilhac, Directeur de la ferme-modèle, et à M. Pradier, une fabrique d'instruments aratoires qui fonctionne très-bien, et dont le mérite rare est d'être assez bon marché pour ne pas en faire rebuter l'emploi. Nous sommes heureux d'offrir ici à ces Messieurs notre tribut d'éloges pour les services incontestables qu'ils ont rendus et qu'ils rendront, surtout à l'agriculture, dans notre pays.

L'institution des Comices agricoles a beaucoup perdu de son importance, plusieurs cantons les ont laissé tomber en désuétude : nous en exprimons le regret, car c'est le meilleur moyen de populariser et répandre les bonnes méthodes, ou tout au moins de perfectionner celles qui sont en usage.

Le commerce d'exportation du département consiste en bœufs d'engrais, moutons, porcs, vins, feuillard, carrassonne et truffes. A l'intérieur, sur toutes les foires et marchés, il se vend une quantité considérable d'animaux de travail, de moutons maigres pour l'hivernage et l'engraissement, de porcs nourrains, de volailles de toute espèce, graines de céréales et de fourrages, noix, huile de noix', châtaignes.

Le climat de la contrée que nous décrivons est tempéré, plutôt humide que sec, point miasmatique, ce qui la met à l'abri des maladies endémiques; elle est exposée au vent de l'ouest, à cause de sa proximité du golfe de Gascogne. Cette situation pourrait être la cause du peu de succès des arbres fruitiers, qui y prospèrent pourtant bien comme plantes ligneuses. Les nombreux cas de grêle qui dévastent certaines parties du département s'expliqueraient un peu par ce fait et la disposition des coteaux qui hérissent la surface du pays. La partie boisée y étant très-considérable, appelle ou retient l'humidité, qui met les terres en culture à l'abri de la sécheresse et peut favoriser ainsi la réussite des plantes vertes.

Agriculture du pays. — On pratique en général l'agriculture par métayers ou colons partiaires. Selon l'importance ou la fertilité de la métairie, le métayer est à moitié fruits, ou bien paie sur pile, avant partage, une quantité déterminée de graines : cette part que prend le propriétaire, se nomme dans quelques contrées *rèves*. Le colon a droit à la moitié des bénéfices qu'on fait sur les bestiaux de toutes sortes; il paie une rente en volaille et œufs, ou les élève à moitié; il est chargé de la moitié des impôts. A part quelques exceptions heureuses dans les endroits les plus fertiles du département et où les métayers possèdent une petite aisance, cette association n'est qu'un partage de misère; bien souvent le propriétaire, petit bourgeois la plupart du temps, dont la métairie est l'unique ressource, subit, outre les mille accidents qui peuvent survenir à sa propriété, la cruelle nécessité de nourrir une famille entière pour ne pas laisser son bien en friche, heureux encore quand il peut rentrer, après une gêne bien pesante, dans une partie des avances qu'il a été obligé de faire. Ce système de culture, auquel l'usage même n'a pu apporter aucune modification, a surtout pour inconvénient principal de n'établir qu'un lien annuel entre le propriétaire et le colon. De là, point d'amélioration possible; car le colon, peu certain de rester plus d'un an sur le même bien, ne veut rien entreprendre, ne veut pas déprécier ses bestiaux par un travail qui ne lui profiterait pas immédiatement.

Un métayer entre dans une métairie au 8 septembre : il est obligé de semer toutes les terres qu'il doit récolter; un état estimatif du mobilier aratoire et des bestiaux se fait; la quantité et la nature des semences y sont mentionnées. Cet acte, quelquefois public, d'autres fois devant témoins, se nomme *baillette*. Avec l'estimation dont nous venons de parler, la baillette contient les autres conditions stipulées entre le propriétaire et le colon.

L'assolement général du Périgord est bisannuel ou biennal, blé et maïs; quelques portions de chaume que le maïs n'occupe pas sont consacrées aux fourrages divers, et la quantité en est très-bornée; les terres, seulement celles qui sont trop mauvaises, sont en jachère un an sur deux; celles qui sont susceptibles d'un petit rapport, sont alternativement chargées de blé et de maïs. Ce mode de culture très-épuisant ébranle tellement le tempérament des terres, qu'à la moindre circonstance fâcheuse, elles font montre de leur faiblesse.

Le grand nombre de cours d'eau qui arrosent le département, a permis de créer des prairies naturelles pour presque chaque métairie. De là vient sans doute qu'on n'a pas senti aussi vivement l'obligation de cultiver les fourrages ou d'établir des prairies artificielles. Chaque métayer ensemence quelques planches de seigle ou d'orge pour faucher en vert. Quelques métairies ont une parcelle de terre toujours destinée à ce fourrage, et qu'on nomme la *fourragère;* un peu de trèfle incarnat, de vesces, jarrosses, et du maïs à la volée pour faire manger en vert. Quelques cultivateurs font du trèfle; mais le nombre de ceux-ci est très-restreint, et la quantité qu'ils sèment fort petite. On rencontre dans quelques localités du Périgord quelques prairies artificielles, aux environs des villes surtout; mais les propriétaires qui ont des champs de luzerne, d'esparcette ou de trèfle, sont fort rares. Cependant, la réussite de ceux que nous avons vus sur plusieurs points du département, devrait encourager à en introduire l'usage; mais soit parce qu'on craint de diminuer l'étendue destinée au blé ou au maïs, soit à cause du prix de la graine, cette culture est peu répandue.

Terres. — Les terres calcaires qu'on rencontre sur tous les points du Périgord, se trouvent sur les plateaux de quelques collines, sur les coteaux, depuis le rocher massif jusqu'à la craie. La couche arable est peu profonde, ardente, retient peu l'humidité; c'est en général cette nature qu'on consacre à la vigne, qui y réussit très-bien.

Les terres argilo-calcaires se rencontrent dans le pays que nous appellerons haute plaine, par opposition aux plaines arrosées par les rivières ou les ruisseaux. Ces hautes plaines se trouvent plus ou moins élevées au-dessus des autres ; elles sont nombreuses dans le département, mais peu étendues. La partie calcaire se trouve quelquefois sous l'aspect de pierres d'un volume assez fort ; d'autres fois, ténu comme la craie ; d'une culture assez difficile, craignant la trop grande humidité et la sécheresse qui les fait fendre, se salissant beaucoup, elles donnent néanmoins du blé de belle quantité, et sont susceptibles de grandes améliorations.

Les terres silico-argileuses (boulbènes) se rencontrent en petite quantité, ordinairement dans les contrées boi-sées. Ces terres, susceptibles, par de grands soins et par un temps favorable, de donner des produits considéra-bles, réussissent rarement sans cette condition ; leur sous-sol argileux, toujours imperméable, fait pourrir la plante par l'humidité, et la laisse étioler par la séche-resse. Les trèfles réussissent assez bien sur ces terres.

Les terres sableuses sont nombreuses dans le dépar-tement ; on les trouve surtout dans les cantons où vient le châtaignier, tantôt comme sable presque mouvant, d'autres fois en gros bloc de cailloux. Dans les premières, les plus multipliées, le travail y est facile, mais la végé-tation très-pauvre. Dans ces contrées, on ne cultive guère que le seigle.

Instruments aratoires. — Sauf de rares exceptions, les propriétaires du Périgord n'ont introduit dans leurs métairies aucune modification à la charrue du pays, qui est le seul instrument aratoire mu par les animaux. Cet araire, peu coûteux il est vrai, n'est pas dans les condi-tions utiles pour exécuter un travail efficace. Le soc est une sorte de pointe de pique qui s'insinue dans le sol, sans pouvoir jamais s'y maintenir que par une grande attention et une grande habileté de la part du laboureur ; il ne tranche pas la terre horizontalement, et ne peut par conséquent couper les racines des mauvaises plantes. Le versoir en bois et presque droit pousse la terre sans la retourner, de sorte que deux façons avec cette charrue, ne produisent pas l'effet d'un seul labour avec un bon instrument. Cependant, comme elle n'a pas besoin d'être très-engagée dans le sol pour le déchirer, elle peut servir pour écrouter la surface d'une terre durcie, pour le travail des plantes sarclées, pour les semences à la charrue, et pour tracer des sillons d'écoulement ; mais elle peut être utilement modifiée ou remplacée pour les labours de préparation.

Agents de la culture. — Les laboureurs du Périgord sont en général très-adroits au maniement de la charrue ; il serait facile d'utiliser cette heureuse disposition, en introduisant des instruments un peu perfectionnés.

Les ouvriers sont pour la plupart assez habiles à exécuter les divers travaux de la culture ; habitués presque tous à travailler pour eux, ils ont une certaine expérience qu'il est souvent utile de consulter.

Les habitants des campagnes sont généralement très-soigneux pour le bétail, assez connaisseurs et naturellement portés au commerce, à l'éducation et à l'engraissement des animaux.

Race bovine. — Dans les métairies du département, on n'a pas d'animaux de travail, ni de profit, à proprement parler ; ils participent des deux spéculations ; voici comment : Ces petits domaines, selon que la nature du sol est plus ou moins féconde, plus ou moins consistante, s'exploitent par des bœufs ou des vaches, ou simultanément par les deux sexes. Dans le premier cas, on se sert de bœufs dont la croissance n'est pas achevée, ou bien sortant d'une contrée moins fertile en fourrage que celle où on l'importe. On s'en sert pour les travaux, en ayant soin de les ménager, puis on les revend avec un bénéfice qui varie selon le cours de l'époque de l'achat et de celle de la vente, ou bien encore d'après la différence d'âge de l'achat à la vente. Dans le second cas, ce sont des vaches dont on obtient des veaux et le travail de la terre. Ces spéculations, qui, bien comprises et surtout appliquées avec des ressources fourragères pourraient être fort lucratives, ne sont en général dans le pays que d'un profit fort mince, et rendent un travail presque nul. Comment ne pas comprendre, en effet, qu'une propriété qui rend en fourrage une quantité à peine suffisante pour la nourriture des animaux utiles aux travaux de l'agriculture, puisse, sans préjudice pour le travail ou le profit, nourrir du bétail qui donne ces deux produits? L'un des deux, à coup sûr, doit en souffrir, et c'est ce qui arrive.

Les diverses races qu'on rencontre dans le département nous viennent du Limousin, du Quercy, de l'Agenais et de l'Auvergne : les élèves qu'on y fait sont le produit des divers croisements de ces différentes races; aussi trouve-t-on sur les marchés une quantité considérable de bœufs auxquels il est impossible de fixer un type, mais qui, selon les contrées ou les étables où ils ont été élevés, sont forts ou chétifs, plus ou moins propres au travail ou à l'engraissement. Il est rare de trouver sur les champs de foire des animaux très-maigres ou très-vieux (là serait la preuve de la spéculation du pays), c'est-à-dire qu'on y a des bestiaux tout à la fois pour le travail et pour le profit : on les livre à la boucherie encore jeunes, alors qu'ils n'ont pas besoin d'une nourriture considérable pour se tenir en chair, et qu'ils n'ont pas à réparer étant vieux une constitution affaiblie par un long travail. Nous le répétons, la spéculation peut être bonne ; aussi l'examinerons-nous en son temps.

Plantes cultivées. — On cultive généralement dans le pays, comme céréales, le blé, le seigle, l'avoine, le maïs ; comme plantes à racines ou tubercules, la pomme de terre, la rave, peu de betterave ; comme plantes fourragères en herbe, la vesce, la jarrosse : ces deux plantes quelquefois mêlées d'avoine, de seigle ou d'orge ; la luzerne et l'esparcette en petite étendue ; le trèfle incarnat et le trèfle de Hollande ; du seigle pour premier fourrage vert. Tous ces fourrages réussissent généralement d'une manière passable, alors que, comme à toutes choses, les circonstances atmosphériques leur sont favorables. On peut conclure de ceci, que la terre, par nature, est favorable au développement de ces divers fourrages.

Les prés, dans le Périgord, donnent, dans la plupart des localités, un foin d'une excellente qualité, et en quantité assez considérable dans les printemps humides. Quelques prés arrosés se fauchent trois fois, mais le plus g.rnd nombre deux fois. Les prés des coteaux non arrosés ne se fauchent qu'une fois. On peut rencontrer sur plusieurs points du département des prés irrigués avec une grande intelligence. Nous pensons qu'il serait possible d'augmenter de beaucoup la production du foin, en utilisant les. nombreuses sources ou cours d'eau que le pays possède.

Vignes. — Le Périgord possède des crûs estimés, et peut passer pour un département vinicole ; sous ce rapport, ses produits peuvent considérablement augmenter, car combien de coteaux bien exposés sont incultes ! Avec des voies de communication plus nombreuses et le commerce des vins un peu favorisé, le pays pourra trouver de grandes ressources dans la culture de la vigne, culture à laquelle on s'entend très-bien et qu'on soigne généralement.

Les bois sont en général clairs, mal fournis, très-négligés; on y garde les bœufs, les vaches, les moutons et les cochons, sans aucune attention de l'âge et quelquefois de la saison. La bruyère qui les couvre empêche le repeuplement; on ne peut l'arracher, tant elle est indispensable pour faire litière; elle étouffe quelques souches, qui repoussent mal et se perdent. On ne donne aucun soin pour réparer les bois; on laisse faire tout ce qui peut les dévaster: on peut voir cependant, par les soins qu'apportent quelques propriétaires à la garde et à l'aménagement de leurs bois, combien il serait facile d'augmenter leur produit.

Les essences qui composent les bois du pays, sont: le chêne noir et blanc, le charme en petite quantité, et le châtaignier. Depuis quelques années, on a fait des essais de semis de pin qui ont très-bien réussi: on ne peut s'expliquer pourquoi on n'a pas cultivé cet arbre sur une plus vaste échelle. Les taillis de châtaignier, qui réussissent très-bien, sont exploités pour feuillard et carrassonne, dont la majeure partir se vend pour Bordeaux.

Les arbres le plus généralement cultivés dans le département, sont: le châtaignier et le noyer pour leurs fruits, le peuplier et le chêne pour les constructions; on y cultive encore dans le midi le prunier. Quelques propriétaires, à l'imitation de l'illustre maréchal Bugeaud, ont planté des muriers; nous ignorons les résultats obtenus.

Fumiers. — Cette source presque unique de fécondité du sol, appréciée par tous les cultivateurs, est, malgré son utilité incontestée, complétement négligée par les métayers. On fait manger la paille aux animaux à cause du peu d'abondance du fourrage, et on est ainsi obligé de se servir pour litière de la bruyère qu'on trouve dans les bois. On reste très-longtemps sans recurer les étables; aussi les urines, qui sont la partie la plus fertilisante du fumier des animaux, s'infiltrent dans le sol des étables et se perdent sans utilité, alors qu'il serait peu coûteux de les conduire, par une rigole pavée, dans une fosse pratiquée près des bâtiments, où on pourrait les utiliser très-avantageusement. Dans les cours où on dépose les fumiers, ils sont exposés au soleil qui les dessèche, à la pluie qui les lave, à la volaille qui les disperse. Il est rare qu'un métayer achète du fumier, soit gras, frais ou en poudre.

Bâtiments. — Le logement malsain et peu aéré des métayers présente à l'aspect le triste complément de la misère dans laquelle ils vivent dans la plupart des cas : un seul volet sans châssis, et la porte, forment toutes les ouvertures. Presque pas éclairées, car le mauvais temps oblige à fermer toutes les issues, telles sont les habitations de ces cultivateurs, dans lesquelles on pénètre en traversant une mare où barbottent les canards et où se vautrent les cochons. Toutes ces causes font qu'on s'étonne que ces malheureux, exposés aux alternatives du froid et du chaud, selon le temps ou le plus ou le moins d'énergie de leurs rudes exercices, ne soient pas décimés par les maladies de toute sorte.

Les granges, dans le Périgord, sont assez bien tenues, à part le fumier qui séjourne trop longtemps sous les animaux, et le peu de soin apporté à la circulation de l'air; les animaux, qui ne restent dedans que la nuit, où tout est clos, et les heures des repas, sont assez bien abrités. Un emplacement où on pose le fourrage pour le distribuer devant eux dans des auges où ils ne peuvent pénétrer qu'en passant alternativement les cornes dans une lucarne ovale, ce qui les empêche d'éparpiller la nourriture qu'on leur donne et de se battre entre eux, est une très-bonne disposition.

Moutons. — Dans l'arrondissement de Périgueux, on élève une race de moutons à longue laine, susceptibles d'un engraissement facile. Leur chair est de bonne qualité; nourris à l'étable et avec abondance, ils acquièrent du suif. Leur laine est rare; une bonne toison ne dépasse guère 2 kilogr. Cette race se répand dans le département. Selon leur provenance et le lieu où on les destine, ces moutons donnent un profit plus ou moins considérable. En général, ces animaux ne vivent que de pâturages; on les enferme à leur retour dans des étables malsaines. Les jours de mauvais temps, on leur donne peu ou pas du tout à manger; aussi le bénéfice est-il en raison de ces soins, car malgré leur rusticité, ils profitent seulement en raison de ce qu'ils consomment.

Le Quercy fournit au Périgord une race de moutons qui pèse peut-être plus que la précédente, et dont la toison est un peu plus fournie, mais qui sous les autres rapports lui ressemble beaucoup.

Porcs. — La race porcine est pour l'agriculture du Périgord une source de profits très-considérables. Les nombreuses exportations pour Bordeaux donnent au commerce de ces animaux une importance remarquable. Les races principales sont celles du Périgord et du Limousin. Il a été importé des porcs de la race anglo-chinoise, qu'on a reproduits par les mâles croisés avec les femelles du pays, et dont la nature primitive tend à disparaître ; la cause du peu de faveur dont ces animaux jouissent, vient de l'éloignement que le commerce éprouve pour eux. Cependant, le prix de revient de leur chair et de leur graisse est inférieur à celui des deux autres races. La difficulté de les conduire au loin, et le peu de fermeté de leur lard, est cause que leur vente est limitée à la consommation locale.

Si la *volaille* n'est pas une production très-importante, elle est du moins pour notre pays une source très-multipliée de petits bénéfices ; les oies, les dindes, les canards, les poules, chapons, poulets, et les œufs, fournissent à beaucoup de cultivateurs, qui les portent sur les marchés, les moyens de se procurer les accessoires de leur alimentation. La volaille du Périgord est très-estimée et son éducation réussit généralement sur presque toutes les métairies.

Pigeons. — Les colombiers sont rares dans le département. Est-ce le pays qui ne favorise pas la venue du pigeon, ou bien est-ce la crainte de leur voir porter atteinte aux récoltes, assez chétives pour la plupart des domaines? Cependant, un colombier bien garni et bien soigné ne laisse pas de donner des produits avantageux, en colombine ou en pigeons.

Jardins. — Sauf le voisinage des villes, où la culture du jardin est une industrie à part, on s'occupe fort peu de jardinage dans les métairies. Des choux en une seule plantation pour manger l'hiver, quelques ognons, de l'ail, voilà à peu près tous les soins qu'on donne à la culture jardinière. On pourrait cependant et sans de trop grands frais, faire produire aux jardins bien des ressources pour le ménage.

IIe PARTIE.

PRINCIPES GÉNÉRAUX.

1º La meilleure agriculture est celle qui donne à celui qui la met en pratique, la plus grande somme de bénéfice net.

2º Un agriculteur ne doit entreprendre en améliorations foncières que celles dont le résultat est prévu lucratif et pour lesquelles il peut disposer de ressources prises en dehors de celles qui sont utiles à l'exploitation.

3º Tout est relatif en agriculture, rien n'est absolu; selon le climat, les saisons, le pays, la nature et l'exposition des terres, la même opération peut donner des résultats différents.

4º Pour conserver la fertilité du sol, il faut lui rendre en engrais ce qu'on lui prend en récoltes. Pour l'augmenter, il faut prendre moins qu'on ne lui donne;

5º Pour avoir des récoltes, il faut avoir du fumier; pour avoir du fumier, il faut des animaux; et pour avoir des animaux, il faut des fourrages pour les nourrir.

Etude des principes d'Agriculture.

Les agents atmosphériques qui concourent à la production végétale, sont l'eau, l'air et la chaleur. L'humidité désagrège les molécules du sol et en rend les sucs plus assimilables aux plantes. La chaleur, par son action, facilite la combinaison de certains sels et la reconstitution de quelques autres, favorise la dilation du tissu des plantes. L'air, par son action physique ou par les gaz qui le composent, vivifie le sol et les végétaux.

DES TERRES.

La terre arable, ou couche végétale, varie de nature, de propriétés physiques ou chimiques, selon sa profondeur, les localités, les expositions; selon qu'elle contient plus ou moins de matières organiques en décomposition dans sa masse; selon encore le plus ou moins de facilité avec laquelle sa texture permet l'absorption des substances propres à la nutrition des végétaux.

Le type des meilleures terres arables est ainsi composé :

Assez divisées pour que les racines des plantes puissent facilement les pénétrer, et que leur germe sorte facilement à la surface; assez consistantes pour soutenir la plante contre les oscillations imprimées par les vents; perméables aux pluies, afin de conserver l'humidité nécessaire, sans se durcir ou se battre à la surface.

Elles doivent contenir, dans des proportions qui n'excluent pas les qualités ci-dessus, de l'argile, de la silice et du calcaire, assez mélangés pour que chacune de ces parties constituantes puisse agir simultanément avec les autres; de l'humus formé par les débris organiques des plantes, des fumiers ou même des animaux. Elles doivent encore avoir une couleur un peu foncée qui les rende propres à absorber la chaleur du soleil et à en rapporter le bienfait sur les plantes. Ces qualités sont nécessaires à une profondeur qui permette aux racines des végétaux qu'on veut y cultiver, de se développer avec avantage.

Classification.

La nature des terres, selon leur composition, se divise
en trois catégories : 1º terres argileuses ; 2º argilo-calcaires ; 5º argilo-siliceuses. Le principe dominant donne
son nom.

Les terres argileuses pures ou glaiseuses sont humides presque en tout temps ; elles contiennent peu de débris organiques ; très-difficiles au travail, elles ne sont
propres qu'à la culture de certains arbres. Nous consi-
dérerons sous le titre de *terres argileuses*, celles qu'on
est convenu d'appeler *terres fortes* et qui contiennent en
petite quantité de la silice et du calcaire. Retenant l'eau,
elles ont besoin de travaux d'assainissement, de fossés
profonds couverts ou ouverts, de façons fréquentes et de
stimulants. Leur réparation, très-coûteuse, peut les amener néanmoins à un très-haut degré de fertilité, qu'elles
sont susceptibles de conserver longtemps. L'emploi de
la chaux ou de marne très-calcaire produit sur elles un
très-bon effet ; en les désagrégeant, leur culture devient
plus facile, et le principe nouveau qu'on y ajoute favorise
la végétation. Ces terres doivent être labourées par un
temps sec, quelque grosses que soient les mottes ; la
moindre pluie d'été et les gelées les délitent très-bien. Il
n'est pas rare qu'on leur donne quatre et même jusqu'à
cinq labours. Si on ouvrait ces terres alors qu'elles ne
sont pas bien ressuyées, on s'exposerait à les gâter pour
longtemps. Lorsqu'une préparation a été bien faite, on
peut les emblaver (semer en blé) par le temps le plus
humide. Les récoltes de printemps réussissent rarement
sur ces terres, à moins qu'on n'ait fait un labour d'hiver à gros billons, et que le temps soit favorable. Dans la
Gascogne, on soumet ces terres à l'assolement triennal.

Les terres argilo-calcaires, selon que l'argile ou le calcaire dominent, sont essentiellement propres à la culture des céréales, qui y sont d'une qualité supérieure. La plupart des fourrages y réussissent, et il n'est pas douteux que, soumises à une culture intelligente et avec quelques avances, on ne pût les amener à un très-haut degré de puissance végétative. Ces terres sont généralement perméables, mais leur travail exige de l'attention. Au contraire des terres argileuses, il faut les travailler avec un certain degré d'humidité. Un labour en temps sec peut causer un désordre qu'on est impuissant à réparer pendant des années entières. Elles adhèrent aux instruments, ce qui oblige à de fréquents transports, car le bout des raies se trouve exhaussé de toute la terre que la charrue y transporte. Ce genre de terre, bien assaini, pourrait permettre l'introduction des récoltes de printemps. Le sous-sol est ordinairement pierreux; à la surface, on rencontre du calcaire d'une volume assez fort pour gêner la marche des instruments. Il est utile d'enlever ces pierres; mais il ne faut pas en tirer les conséquences qu'on doive épierrer complétement, car on changerait la nature du terrain et on s'exposerait à de graves mécomptes.

Les terres argilo-siliceuses se rencontrent sous deux aspects : 1º quelquefois comme boulbènes fortes ; 2º d'autres fois, cette nature est mêlée à des cailloux. La première est essentiellement favorable à toute culture ; avec un peu d'engrais, on obtient de beaux résultats, dont la durée est courte, mais qui reconnaissent généreusement des avances suffisantes. Ces terres sont d'une culture facile et peuvent se travailler presque en toute saison, à moins de trop grandes pluies. Les plantes à racines et tubercules y réussissent bien, ainsi que le trèfle et la luzerne. Le blé et l'avoine y donnent des produits considérables.

Lorsque ces terres sont mêlées de cailloux, leurs fa
cultés changent complétement ; elles sont généralement
froides, et craignent presque autant la sécheresse que
l'humidité. Le travail y est peu régulier ; les animaux se
fatiguant à marcher sur les cailloux anguleux ou tran-
chants, se poussent, déraient quelquefois, et le temps
que le conducteur met à les maintenir est autant de di-
minué sur la vitesse.

Les terres calcaires des coteaux, dont la couche arable est peu profonde, redoutent beaucoup la sécheresse.
Elles peuvent acquérir une certaine fertilité par le défoncement, les labours obliques au lieu des labours perpendiculaires aux pentes comme on les pratique, et qui ten-
dent à rejeter la terre végétale au bas des coteaux. L'é
tablissement des sainfoins, qui y réussiraient parfaitement, serait encore un grand moyen d'amélioration. Le
blé, l'avoine et l'orge acquièrent beaucoup de qualités
sur cette nature de sol ; le grain y est plus pesant et contient moins de son.

Les terres sableuses sont quelquefois mêlées d'un peu
d'argile ; d'autres fois, c'est du sable pur sur un fond argileux, où l'oxide de fer abonde, et dans certaines contrées le sol et le sous-sol sont de même nature. Dans le
premier cas, on peut amener ces terres, froides par l'humidité, ardentes à la chaleur, à produire des récoltes,
en reconstituant leur nature par un mélange de terres argileuses ou par des fumiers gras. Facile à travailler en
tous temps, ce sol, bien amendé, pourrait devenir très-
fertile et d'un travail peu coûteux. Les riches plaines de
la Flandre sont un exemple très-concluant de ce que peuvent devenir les terres sableuses. Le seigle, et bien médiocre, est la seule céréale qu'on puisse y cultiver dans
notre département avec un peu de profit. Le châtaignier
paraît préférer cette nature de terre, car la plupart des

châtaigneraies sont établies sur des terres de cette composition.

Les amendements sont des substances qu'on mêle à la terre pour en modifier la nature et lui donner plus d'action. Ils servent à augmenter les propriétés absorbantes ou végétatives du sol.

De la marne.

Il y a trois espèces de marne, qui prennent chacune leur nom dans le principe dominant qui les constitue. La marne est composée de trois substances : 1º d'argile ; 2º de calcaire ou carbonate de chaux ; 5º de silice. Ainsi, on dit *marne argileuse,* quand l'argile est dans la plus grande proportion ; *marne calcaire,* quand le calcaire domine ; *marne siliceuse,* si c'est la silice. Pour connaître la valeur ou la quantité de chacune d'elles, on les essaie. Il est difficile aux cultivateurs de posséder tous les instruments utiles pour l'analyse des marnes ou des terres ; un procédé très-simple, sans être d'une exactitude parfaite, consiste à prendre un morceau de marne, qu'on fait bien dessécher d'abord ; ensuite, on place cette quantité, supposée de 50 grammes, dans un verre d'eau, où elle se délite rapidement. On verse dans le verre et avec précaution de l'eau forte (acide sulfurique), et on remue le contenu avec une baguette en verre ou en bois ; on verse de nouveau de l'acide, toujours en petite quantité, pour éviter que l'écume déborde le verre ; on remue de nouveau, et on continue ainsi jusqu'à ce qu'il ne se produise plus d'effervescence. On laisse reposer jusqu'à ce que l'eau soit devenue claire et que toutes les matières soient précipitées au fond du verre. On décante alors, c'est-à-dire qu'on verse avec soin toute l'eau. On en remet encore pour laver ce qui peut rester d'acide, et on fait écouler l'eau devenue claire. La matière terreuse qui reste au fond du verre est de l'argile et de la silice. En maniant ce résidu entre les doigts, il est facile de comprendre si c'est l'argile ou la silice qui domine. On fait sécher cette matière, on la pèse aussi exactement qu'on l'a fait pour la marne, et la différence qu'on constate forme la quantité de carbonate de chaux qui a été dissoute par l'acide. Si le poids du résidu terreux est de 20 grammes, on doit conclure que la marne ainsi essayée contient 60 p. 100 de calcaire, et que c'est de la *marne calcaire*. La même opération donne des résultats relatifs pour toutes les espèces de marnes.

Emploi de la marne.

Quelques cultivateurs croient que la marne engraisse les terres ; c'est une erreur. Par son action mécanique, elle change ou modifie la nature des terres ; par son action chimique, elle aide ou concourt à certaines combinaisons utiles à la nutrition des végétaux. Elle agit, comme tous les stimulants, de la même manière que le sel dans les aliments : il ne nourrit pas, mais il active la digestion.

En général, on n'emploie la marne qu'à cause de sa substance calcaire. Il serait superflu et dangereux de la mettre sur les terres de cette nature, car c'est seulement beaucoup de fumier qu'il faut à cette composition de sol. Dans les rares localités du département où il y a des terres silico-argileuses ou argilo-siliceuses (bouvées ou boulbènes), la marne, qui contient de 60 à 80 p. 100 de carbonate de chaux, peut produire des effets remarquables si on l'accompagne d'une bonne fumure. La dose à fournir varie, selon le fumier dont on dispose et la pro-

fondeur de la couche arable ; de 80 à 150 mètres cubes
à l'hectare. Le prix, on le comprend, sera en raison de
la profondeur de la marnière et de la distance du terrain à marner. Nous avons l'expérience de communes
entières dont les terres, d'une fertilité plus que médiocre
avant le marnage, sont arrivées par ce procédé à une
prospérité très-remarquable.

La marne siliceuse convient très-bien aux terres argileuses ; elle facilite leur culture en les désagrégeant, les
rend plus perméables aux pluies et plus pénétrables
aux racines des plantes. La quantité varie selon la ténacité du sol où on la destine. Ces terres, moins faciles à
épuiser que les terres légères, exigent moins de fumier
que ces dernières, lors du marnage.

La marne argileuse convient admirablement aux sols
sableux, dont elle peut reconstituer complétement la nature. Lors même qu'elle ne contiendrait que 15 p. 100
de carbonate de chaux, elle peut améliorer pour toujours un terrain sableux. La quantité exigée pour cela
est considérable. Il faut au moins, pour que l'opération
soit bonne, 4 à 500 mètres cubes par hectare.

Durée de la marne.

Lorsqu'on s'aperçoit qu'une terre marnée baisse de
produits alors que les autres soins sont les mêmes, on
doit conclure que l'effet du marnage est épuisé et qu'il
est urgent de recommencer. On a dit que la marne était
la ruine des terres. Cela peut être vrai. Si, lorsqu'on a
marné un domaine, on laisse dissiper les bons effets
de la marne sans ajouter le fumier nécessaire, il est
certain que cette opération, qui a facilité l'absorption
des débris organiques du sol, laisse celui-ci plus épuisé
qu'il ne l'était avant le marnage ; mais si, au contraire,

on a continué de cultiver ces terres avec les soins nécessaires, tant que la marne durera, elles se soutien-
dront. Un père pourra laisser à ses enfants une propriété aussi fertile qu'il l'aura reçue lui-même, s'il l'a
cultivée selon ses exigences. Il est facile de comprendre,
par ce dernier exposé, la prudence qu'un propriétaire
doit apporter dans ses relations avec un fermier, par
rapport au marnage de ses terres. Ici, le danger de l'é-
puisement serait réel, car le fermier pourrait s'inquiéter
fort peu de l'avenir d'un fonds dont il aurait forcé la
puissance végétative dans un intérêt passager.

Mélange des terres.

En mélangeant à certaines terres d'autres terres dont
la nature est opposée, il est facile, mais très-coûteux,
de constituer un bon fonds. On peut se faire une idée
des sacrifices énormes qu'il faudrait s'imposer pour obtenir un pareil résultat. Si difficile que puisse paraître ce
procédé d'amélioration, il peut se rencontrer des conditions où il soit avantageux de le faire; pour un jardin, par exemple. L'étendue peu considérable qu'on
consacre à cette portion d'un domaine, les nombreuses et utiles substances alimentaires qu'elle doit fournir, peuvent engager un cultivateur à faire cette avance.
Pour arriver à cette fin, on constituera un excellent
fonds de jardin en créant un terrain le plus en rapport
possible avec le meilleur type de terre, dont il a été
fourni le détail au commencement de cette partie.

De la chaux.

La chaux est un amendement très-puissant dont il
faut user avec connaissance et modération. Elle peut

2*

rendre de très-grands services; mais son usage mal compris peut occasionner de grands dommages. On a peu fait d'expériences à ce sujet dans le département. Cependant, il est acquis que la chaux, employée avec intelligence, peut donner un aspect nouveau au sol sur lequel on l'emploie. Elle assainit, divise les terres argileuses; réchauffe les terres siliceuses humides; décompose les terrains acides en aidant à la dissolution des débris organiques contenus dans les fonds marécageux, après un assainissement préalable, et favorise d'une manière plus active que la marne l'absorption, par les plantes, des sels utiles à leur développement. Le blé venu sur un terrain chaulé, est d'une qualité supérieure, uni, luisant, et contient peu de son.

Emploi de la chaux.

La quantité de chaux que l'on doit employer, est extrêmement variable. Dans les terres fortes, saines, 5 à 6 hectolitres par hectare, chaque deux ans, peuvent suffire, tandis que 200 hectolitres sont quelquefois nécessaires dans les sols tourbeux et dans des terres marécageuses nouvellement desséchées. S'il est utile de fumer avec la marne, il est indispensable de le faire avec l'emploi de la chaux, qui, facilitant avec activité l'absorption des substances propres à la végétation, occasionnerait sans cela un épuisement désastreux.

La manière d'employer la chaux comme amendement, consiste à la placer dans le champ qu'on veut chauler, en petits tas, espacés de manière à couvrir le sol avec la quantité qu'on veut lui donner, et également répartie; on fait des rangs de ces tas; on a soin que l'eau ne puisse séjourner sous eux; on les recouvre de terre en forme conique, pour que les pluies ne puissent y pénétrer. Au bout de quelques jours, lorsque la chaux est délitée, on défait ces tas, on les mélange avec trois ou quatre fois leur volume de terre meuble, et on répand le tout aussi uniformément que possible. Cette opération se fait quelques jours avant le dernier labour de préparation pour les semences ; ce labour doit laisser la chaux au milieu de la couche végétale. Comme elle tend à descendre au fond de la raie, il serait à craindre qu'après plusieurs chaulages, il ne se formât au fond de la couche arable une croûte qui nuirait à la perméabilité du sol ; mais cela ne serait à craindre qu'avec les chaulages à haute dose ou très-souvent répétés.

On rencontre dans le département beaucoup de localités où il se trouve des terres argilo-siliceuses, quelquefois sableuses, qui contiennent une grande quantité de débris organiques, mais si acides, qu'alors même qu'elles ont été assainies, il faut les exposer longtemps à l'influence des agents atmosphériques pour leur faire produire des récoltes de quelque valeur. La chaux, en neutralisant cette acidité, les rendrait plus immédiatement productives. La quantité à employer peut être modifiée, d'après la nature du fonds, de 50 à 80 hectolitres par hectare.

DES STIMULANTS.

L'action des amendements sur le sol est purement mécanique ; celle des stimulants joint à cette propriété celle d'augmenter la quantité de sels contenue dans le sol, et de rendre quelquefois solubles ceux qui ne sauraient l'être sous la seule influence des agents atmosphériques·

Cendres de bois lessivées.

Les cendres produisent un effet remarquable sur la végétation ; elles donnent une couleur vert foncé aux plantes, elles sont peut-être plus favorables à la production du grain qu'à celle de la paille. On les emploie avec avantage sur les prés, le sarrazin et le chanvre. Leur effet, à petite dose, ne dépasse guère deux ans. On les emploie ordinairement seules. Mélangées avec leur poids égal de fumier, leur action combinée est supérieure à celle de leur emploi séparé. On ne tient pas un compte suffisant de la valeur de cette matière comme engrais ; son effet immédiat sur les sols plus ou moins fertiles devrait attirer l'attention des cultivateurs et les engager à les conserver ou à s'en procurer.

Des platras ou débris de démolition.

Indépendamment des débris de chaux, les débris de démolition contiennent plusieurs sels de potasse, muriates de chaux, etc. Leur effet est très-puissant sur la végétation dans les terres humides. Sur les terres calcaires ardentes, ils seraient plus nuisibles qu'utiles.

Du sel marin.

L'usage du sel comme amendement, produit des résultats qui sont diversement jugés. Les expériences que nous pouvons citer nous paraissent victorieuses. A l'époque où elles ont été faites, le sel n'avait subi aucune diminution, et cependant son emploi avait fait conclure à un bénéfice de 20 p. 100 au-dessus des cultures non salées. Les effets du sel sont plus sensibles sur les terrains secs que sur ceux qui sont humides. La dose employée pour les céréales est de 250 kilos par hectare ; pour les fourrages, 200 kilos, et pour les prairies, 225 kilos. L'influence des vases, du sable et de l'eau de mer sur la végétation, est un fait acquis.

Du plâtre, gypse ou sulfate de chaux.

L'effet du plâtre sur les plantes de la famille des légumineuses, luzerne, sainfoin, trèfle, fèves, pois, etc., surtout pour celles qu'on cultive comme fourrage, est incontestable. Il est à remarquer qu'il agit faiblement sur les terres calcaires; il faut sans doute l'attribuer à son principe calcaire, qui neutralise ses propriétés sur le sol de même nature. Il est difficile d'expliquer l'action du plâtre. Agit-il sur la plante ou sur le sol? Aucune expérience positive n'a pu fixer à cet égard. On sait que le sulfate de chaux est insoluble de sa nature, et qu'il a la propriété de retenir l'humidité. C'est sans doute à cette dernière qualité qu'on doit attribuer la vigueur remarquable des fourrages plâtrés sur des terrains où la substance calcaire ne domine pas. Les prés secs donnent une herbe plus abondante quand on les a plâtrés; le trèfle blanc s'y développe avec vigueur, alors qu'on ne l'apercevait pas avant le plâtrage.

L'emploi du plâtre varie sous le rapport de la quantité à employer, en raison de sa qualité; bien cuit et bien moulu, il opère un effet supérieur, même en quantité moindre : on en emploie ordinairement deux hectolitres par hectare. Des expériences faites sur du plâtre cru, mais bien pulvérisé, ont produit des effets analogues au plâtre cuit. Dans le commerce, on mêle au plâtre du sable très-fin, des débris tamisés de démolition. Pour s'assurer de la fraude, il faut gâcher une partie de cette substance; la promptitude avec laquelle elle absorbera l'eau, et son adhérence plus ou moins forte, indiqueront la qualité du plâtre. Le plus important mérite qu'il faut rechercher est la finesse. L'expérience a constaté que le plâtre agit plus sur les plantes que sur le sol; il est donc urgent de l'employer le plus ténu possible, afin qu'il reste sur les feuilles et s'y divise; on peut encore le répandre sur le sol, lors des semis des fourrages.

Le temps le plus favorable pour plâtrer est le soir ou le matin, avant ou après une pluie douce : cette opération se fait fin mars ou au commencement d'avril, d'autres fois plus tôt, selon la saison. Il faut éviter de répandre le plâtre par un temps sec, et alors surtout qu'il paraît devoir continuer; il est préférable de retarder, car une sécheresse prolongée en détruirait l'effet.

L'usage du plâtre s'est beaucoup répandu dans quelques localités; mais dans la plupart des cantons du département, on ne s'en sert pas, et on ignore même son utilité : les agriculteurs devraient se pénétrer de son importance et chercher à s'en procurer, fallût-il l'aller chercher au loin ou le payer un peu plus cher; l'augmentation de fourrages, même en vesces et jarrosses, compenserait amplement les sacrifices qu'il faudrait s'imposer. Il faut encore faire entrer en ligne de compte la supériorité des récoltes faites après un fourrage plâtré.

De l'écobuage.

L'écobuage est une méthode qu'on emploie pour défricher un terrain inculte ou une ancienne prairie. Pour écobuer un terrain, on trace des lignes en long et en travers à une profondeur variable de 50 à 80 millim. (1 à 5 pouces) de profondeur, de manière à former des petits carrés d'une dimension de 215 à 520 millim. (8 à 12 pouces) de côté, selon la consistance du terrain. Avec une pelle en fer, une bêche ou une houe à main, on les sépare du sol. Cette opération peut encore se pratiquer avec une charrue en fer qui fonctionne régulièrement. Pour faire sécher ces carrés, on les place sur champ, perpendiculaires l'un à l'autre, ainsi qu'on fait pour la brique ; on les dispose ensuite en petits tas, au milieu desquels on ménage un vide pour placer le bois qui doit aider à la combustion : on met alors le feu, en ayant soin de placer des carrés sur les fissures par où s'échappe la flamme, afin que le tas se consume également. Au bout de quelques jours, on a une masse charbonneuse et terreuse, qu'on répand également sur toute la surface du sol ; on l'enterre ensuite par un léger labour.

Selon que le terrain écobué contient plus ou moins de matières organiques, la végétation est plus ou moins vigoureuse ; mais toujours la pratique de ce procédé a pour résultat d'augmenter pour un temps plus ou moins long, la puissance végétative des terres. Il est facile de comprendre que cette méthode amènerait la ruine du sol entre les mains d'un fermier ou d'un métayer avides : c'est ce qui l'a fait regarder comme dangereuse par des agriculteurs très-recommandables. On ne peut nier que ce procédé a pour résultat de rendre solubles des matières qui ne le seraient que fort longuement sans lui, et d'aider à la division du sol. Il en est de cet amendement comme des autres : il faut l'employer avec intelligence, et avoir en vue qu'il faudra réparer par du fumier l'épuisement qui résulte de l'écobuage. Les récoltes les plus convenables à faire sur un terrain nouvellement écobué, sont la pomme de terre, les navets, la vesce ou la jarrosse ; pour une vieille prairie où le fonds est de la terre forte, de l'avoine ou du maïs.

Les sols tourbeux ou marécageux sont ceux où l'écobuage présente la plus grande utilité ; la nature acide du sol impropre à la végétation des plantes productives, se trouve très-modifiée, sinon détruite par cette méthode.

Il existe encore beaucoup d'autres stimulants dont il ne sera question que pour mémoire, car ils sont hors de

la portée de nos cultivateurs ; tels sont : les cendres pyriteuses qui servent à la fabrication du sulfate de fer
(couperose) et de l'alun ; les cendres de tourbe, de
houille, les cendres de Varech, les sables et vases de
mer, le sel de soude, de potasse (salpètre), et le mu-
riate de chaux.

Des engrais.

On appelle engrais des substances animales ou végé-
tales dont la décomposition fournit des sels, des liquides
ou des gazs propres à la nutrition des végétaux. Les débris organiques des végétaux et des animaux, sous l'influence de la fermentation qui les décompose, élèvent
la température, produisent certain effet électrique, laissent dégager ou dissoudre plusieurs composés nouveaux
de leur composition primitive, qui sont absorbés par les
plantes. Selon leur quantité et l'action physique du sol,
le développement des végétaux est plus ou moins considérable.

Il est des situations où on peut se procurer du fumier
à prix d'argent : près des grandes villes, par exemple ;
mais dans la plupart des cas, et le département de la
Dordogne s'y trouve sauf de très-petites exceptions, on
n'a dans les métairies que celui qu'on obtient des animaux qui en font partie. Il est donc bien essentiel d'apporter tous ses soins à en obtenir le plus possible, car
le fumier est aussi indispensable à l'agriculture pour la
garantie de ses succès, que la nourriture aux animaux
pour renouveler leurs forces.

Du fumier d'étable.

Les fumiers d'étable sont les déjections des animaux
mêlées à la litière ; ils sont d'autant plus considérables

qu'on nourrit les bestiaux plus copieusement, que la litière est plus abondante, et que leur séjour dans l'étable est plus prolongé. Avec ces moyens, on peut obtenir d'un bœuf du pays quinze charretées ou 150 quintaux ; tandis que par ceux qu'on emploie, on obtient à peine 50 quintaux. Il est bien important d'appeler l'attention des agriculteurs sur cette question ; car en faisant des fourrages pour nourrir fortement le bétail, on pourrait tripler le produit des récoltes, et les frais ne varieraient pas sensiblement. C'est là le point vital de l'agriculture, c'est de ce principe qu'il faut partir pour entrer dans la voie de la prospérité agricole.

La manière de recueillir le fumier influe beaucoup sur sa quantité. Comme il est très-difficile, sinon impossible, de porter le fumier sur les terres et de l'y enterrer au sortir de l'étable, ce qui serait le meilleur moyen de conserver toutes ses parties fertilisantes, il faut réunir toutes les mesures pour empêcher sa déperdition, en le mettant à l'abri des causes qui y contribuent.

Avant d'entrer dans tous les détails de la conservation des fumiers, il est indispensable de parler des litières.

De la litière.

La litière est une couche de plantes qu'on place sous les animaux pour atténuer la pression fatigante de leur corps sur le sol, et pour les mettre à l'abri du contact de leurs excréments. Mêlée à ceux-ci, dont la fermentation la décompose, la litière forme le fumier. Dans le Périgord, on se sert généralement de bruyère, la paille étant très-rare, pour litière. Cette plante n'est même pas toujours aussi abondante qu'il le faudrait ; aussi reste-t-on trop longtemps sans curer les étables ; il résulte de ce procédé la perte presque complète de la portion la plus fertilisante des fumiers, l'urine, qui s'infiltre en pure perte dans le sol des étables. Placé dans une situation où la litière faisait défaut, nous avons eu recours à la méthode suivante, employée par un agriculteur distingué, et que nous lui avons empruntée. Pendant l'été, nous avons fait extraire du sable, qui, bien séché au soleil, a été mis à l'abri de la pluie. Quand on délitait les animaux, on enlevait la portion de litière sèche qui se trouvait sous eux, et après l'enlèvement du fumier, on plaçait une couche de ce sable, de l'épaisseur de 162 millimètres (6 pouces); on mettait par-dessus la litière enlevée précédemment, on en ajoutait ce qui était nécessaire, et on continuait ainsi chaque fois. Le fumier produit par ce procédé est très-facile à répandre; il se mêle mieux au sol; il est plus actif, mais moins durable. Cette expérience conduit à avoir la certitude que de la terre légère et du sable secs, s'ils ne dispensent pas de l'usage de la litière, peuvent au moins, avec son secours, augmenter la masse du fumier, en absorbant les parties liquides.

Conservation du fumier.

Dans la plupart des exploitations, en sortant le fumier des étables, on le porte dans la cour, sans ordre et sans soins : le soleil et la pluie viennent encore diminuer la valeur de celui qu'on obtient. Lorsqu'on ne peut pas le transporter dans les champs, il est utile de le réunir et de lui donner les soins que nous allons indiquer.

On doit établir dans la cour une plateforme d'une étendue en rapport avec la quantité de fumier qu'on espère obtenir. Le sol de cette plateforme doit être imperméable, pour que les sucs ne s'y infiltrent pas; une rigole plus basse doit l'entourer et avoir une pente dans le sens de l'un des plus petits côtés. Une fosse est pratiquée au bout de la plateforme et dans la partie déclive de la rigole, de manière à recevoir les égouts du tas. En sortant le fumier de l'étable, on le place sur le bout de la plateforme, près de la fosse, en ayant soin de donner le moins de surface possible aux rayons du soleil ou à la pluie. Chaque fois qu'on ajoute du fumier, on observe de laisser au tas l'inclinaison la plus faible possible ; on monte la masse de fumier carrément et à la hauteur de 2 mèt. environ. Toutes les fois qu'on cure les étables, il serait bon d'avoir à sa portée, pour arroser le fumier, une dissolution de sulfate de fer, qui empêche l'évaporation des gaz, effet qui se produit sur le fumier quand on le sort de dessous les animaux. A mesure que le tas se forme, si on s'aperçoit que le fumier se sèche, il faut l'arroser avec le purin, s'il y en a dans la fosse, ou avec de l'eau, si le premier manque. Pour arroser, on peut se servir d'une pompe en bois, ou, ce qui est moins dispendieux, d'un seau suspendu à une solive placée par son milieu sur un arbre vertical planté près de la fosse au purin. Un homme peut, en pesant sur une tige en bois ou une corde au bas bout de laquelle est attaché le seau, imprimer à la solive un mouvement de bascule qui élève le seau plein à la hauteur du tas, et arroser facilement et en peu de temps toute sa surface : la fermentation, par ce moyen, s'établit d'une façon régulière, et le fumier ne se sèche ni ne se noie. Traitée ainsi, cette masse de fumier est homogène, également consommée, et par conséquent plus facile à diviser. Quand le tas est fini, on peut le recouvrir de la boue de la cour, pour empêcher l'action du soleil : y mêler de la terre est une opération qui ne fait qu'augmenter les frais de transport, sans rien ajouter à la masse du fumier. Quelques cultivateurs ajoutent à leur fumier des herbes coupées dans les chemins ou le long des haies : ce procédé ne peut qu'ajouter aux terres une plus grande quantité de mauvaises plantes, dont on doit avoir à cœur de débarrasser le sol.

Plusieurs praticiens diffèrent sur l'opinion de mélanger les fumiers des divers animaux. Il est probable que le fumier de cheval, plus chaud que celui du bœuf, ne peut rien gagner de celui-ci, et que le fumier de bœuf ne profite pas sensiblement de la perte qu'éprouve celui du cheval. Mais si on n'emploie pas ce dernier aussitôt qu'on le sort de l'écurie, ses qualités perdent plus en facultés fertilisantes que par leur mélange avec les autres fumiers. Le fumier des moutons, qu'on enlève seulement deux à trois fois chaque année, ne peut se mélanger et s'emploie ordinairement seul : par ce motif et les qualités particulières qu'il possède, son action sur la végétation est supérieure aux autres fumiers.

Des engrais liquides.

Les engrais liquides sont les urines qu'on a recueillies séparément dans des fosses où elles viennent s'égoutter, et le purin ou le jus des fumiers lavés par les eaux des pluies. On n'emploie l'urine que lorsqu'elle a fermenté, deux ou trois mois après qu'elle a été recueillie, seule ou mélangée avec de l'eau : cet engrais convient particulièrement aux terres légères, sur lesquelles on le verse avant les semences, ou sur les plantes. L'effet de l'engrais liquide sur les fourrages est très-marqué. Pour le transporter, on se sert d'un tonneau monté sur une charrette ; le trou par où s'échappe le liquide destiné à arroser, est dirigé sur une planchette qui en brise le jet, de manière à l'éparpiller le plus possible.

Lorsqu'on a de la litière en quantité suffisante, il est préférable d'employer les urines à faire du fumier ; alors, on dirige celles que la litière n'absorbe pas, dans la fosse à purin ; là, elles servent à arroser le fumier, dont elles augmentent les propriétés fertilisantes.

De l'emploi du fumier.

L'action du fumier sur le sol donne à celui-ci une plus grande puissance végétative ; aussi les bonnes comme les mauvaises plantes, celles-ci surtout qui sont chez elles, prennent un développement considérable. Cette observation doit conduire naturellement à placer le fumier dans une culture qui permette, par de nombreuses façons, de détruire les végétaux nuisibles. La jachère, qui laisse la terre libre à l'action des instruments, puisqu'elle est nue de toute récolte, est le plus sûr moyen d'obtenir ce résultat ; mais comme il faut laisser le terrain improductif, il a fallu trouver un moyen d'arriver au même but sans perdre le revenu du fonds. La culture des plantes sarclées, qui laisse une action libre au travail utile, peut remplacer la jachère.

Dans les terres fortes, on peut fumer à hautes doses ; la nature du terrain laisse absorber difficilement les principes fertilisants du fumier. Dans les terres légères, il est préférable de fumer plus souvent et moins à la fois. Le fumier se répand encore en couverture sur les terres semées en céréales ou en fourrage ; on le conduit l'hiver par les gelées, ou au mois de février quand le temps est beau. Ce procédé de fumure produit des effets très-remarquables, surtout sur les terres légères ; il a l'avantage de permettre la fumure de fumiers frais, qui sont très-abondants en hiver, surtout quand on nourrit le bétail avec des racines. Des fourrages fumés en couverture laissent à la céréale (blé ou avoine) qui leur succède une fertilité égale à celle qui a suivi une culture sarclée, à dose de fumier moitié plus considérable.

Des engrais pulvérulents.

La nécessité de se procurer des engrais, le peu d'a-
bondance des fumiers, ont donné naissance à la fabrication de plusieurs espèces d'engrais que, pour la facilité du transport, on a rendus pulvérulents par la dessication ou l'évaporation ; tels sont les poudrettes, dont
on connaît deux sortes : 1º la poudrette fécale, qui est le
produit des vidanges des latrines, et dont on fait évapo-
rer les parties liquides ; 2º la poudrette animale, qu'on
obtient en faisant dessécher la chair des animaux : la
première est la plus répandue ; on l'emploie à raison de
25 à 50 hectolitres par hectare sur le labour de semence,
ou bien en couverture. Le prix de cette poudrette varie
de 5 à 6 fr. l'hectolitre ; on la mélange quelquefois avec
du poussier de charbon, du frazier de forge et des pous-
sières terreuses. On peut reconnaître la fraude à la seule
inspection ; la couleur de la poudrette est d'un brun
foncé ; le mélange accidente la couleur ; délayée dans
l'eau, les matières mélangées se précipitent, tandis que
la poudrette reste plus longtemps en suspension dans le
liquide. On se sert encore de la poudrette sur les prés et les
fourrages, mais elle leur communique son odeur infecte.

La poudrette animale produit un excellent effet ; son
prix est de 15 fr. l'hectolitre ; on l'emploie à la dose de
6 à 8 hectolitres par hectare, sur le dernier labour de semailles : elle dure plus que la poudrette fécale, dont
l'effet, surtout à petite dose, disparaît au moment où le
grain se forme. Ces deux engrais produisent beaucoup
de paille, leur action s'exerçant principalement sur la
partie verte des plantes.

Près des centres de population, il peut être facile de
se procurer les matières fécales : pour les utiliser sans

employer la longue fabrication de la poudrette, on creuse une fosse d'une profondeur de 1 mètre et demi environ (4 à 5 pieds), selon la quantité, et on la remplit à moitié de ces matières. On a préparé à l'avance de la terre, de la marne, et même du sable, bien secs et bien meubles ; on jette cette dernière substance dans la fosse, de manière à la bien mélanger ; on recommence à plusieurs reprises, et lorsque la masse est bien ferme, on cure la fosse et on laisse ressuyer ce compost, qu'on emploie pour fumer. Cet engrais a une très-grande puissance sur la végétation.

Le noir animalisé est un engrais nouveau dont les qualités ne sont contestées que par ceux qui n'en ont pas fait usage. Contrairement aux engrais connus, le noir animalisé est sans émanation. Par une fabrication des matières animales mélangées avec une terre charbonneuse et d'une grande porosité, on est parvenu à concentrer les parties altérables et volatiles qui se dégagent des engrais infects. Cet effet donne au noir animalisé la propriété de fertiliser le sol où on l'emploie, et de conserver cette faculté plus longtemps que les autres engrais : les racines et plantes potagères acquièrent par cette fumure un goût particulier. Un des plus grands avantages de cet engrais, c'est de n'apporter dans le sol aucun des milliers d'insectes nuisibles aux plantes, que la décomposition des autres fumiers fait pulluler.

Le noir animal est le résidu des raffineries : son action, moins efficace que celle du noir animalisé, ne laisse pas d'avoir son importance. On peut créer des fabriques de noir animalisé partout, tandis que le noir animal ne se rencontre que près des raffineries. Le prix de l'un et de l'autre de ces engrais coûte, à Paris, 5 fr. les 100 kilog. La quantité employée par hectare est de 1,500 kilog.

Excréments des oiseaux.

Colombine. — Tous les cultivateurs connaissent les effets de la colombine ou fiente des pigeons. C'est le plus riche fumier qu'on obtienne des animaux dans les exploitations. Cette considération devrait engager à donner plus d'extension à l'élève de ce volatile, dont le commerce peut offrir un certain bénéfice.

Guano. — C'est la fiente des oiseaux aquatiques amoncelée depuis des siècles dans les îles des mers du Sud. L'usage de cet engrais puissant a commencé au Pérou; il s'est ensuite répandu en Amérique, en Angleterre, et enfin, dans ces derniers temps, en France. Des bâtiments chargés de guano arrivent au Havre, à Nantes et à Bordeaux. Le prix, dans ce dernier port, est de 25 fr. les 100 kil. Cet engrais dégage une forte odeur d'ammoniaque; il a une puissance très-grande sur la végétation; mis à trop forte dose, il brûle la plante; la quantité moyenne à employer est de 200 kil. en couverture, et de 550 kil. enterré par un labour. Il est surtout très-puissant pour le maïs. Des expériences nombreuses sur toutes les plantes, ont surabondamment prouvé son efficacité.

Le plus grand avantage des engrais pulvérulents, c'est qu'on peut se les procurer à de grandes distances et à prix d'argent, chose rarement facile pour les fumiers. Leur emploi peut aider à franchir les premières difficultés d'un établissement agricole, en favorisant la production des fourrages. Il est peu de situations où on ne puisse introduire l'un ou l'autre de ces engrais

Des vases de mare ou d'étang.

Au fond des eaux stagnantes ou d'un courant très-faible, il se dépose des matières organiques et terreuses plus ou moins considérables. Quand on a nettoyé les étangs ou mares de la vase qu'ils contiennent, on laisse celle-ci exposée au contact des agents atmosphériques pendant deux ou trois ans, puis on la répand sur les terres. Si on ajoutait à ces vases, alors qu'elles seraient égouttées, 20 à 25 p. 100 de chaux, on rendrait les matières organiques plus solubles en neutralisant leur acidité, et au bout de deux mois on pourrait les employer utilement. On ne peut assigner à cet engrais qu'une valeur approximative; on comprend qu'elle dépend de la somme de débris organiques que les vases contiennent.

Les boues des villes, traitées par ce procédé, au lieu de les laisser se consommer en tas infects pendant plusieurs années (là où on ne les laisse pas perdre), pourraient être encore d'un utile emploi pour la culture.

Les composts, les terreaux, méritent aussi l'attention des cultivateurs. Pour utiliser les mauvaises herbes qu'on arrache dans les terres ou le long des haies, les curures de fossés et les gazons des bouts des pièces, on les entasse près d'une fosse pratiquée au bas bout des pièces de terre; on pose au fond une couche de ces matières, soit une hauteur de 15 centim., on met par-dessus une couche de chaux vive de l'épaisseur de 5 centim., une seconde de matière, puis encore une de chaux; on continue ainsi jusqu'à 50 centimètres du bord; on a soin de diriger les eaux qui tombent sur la pièce et entraînent la meilleure terre, vers cette fosse, dont la capacité varie en raison de la somme de débris qu'on veut y placer. Au bout de quelques mois, on retire le tout, qu'on mélange le plus intimement possible, et on le répand sur la terre, qu'on laboure par-dessus.

Quelle que soit la position du cultivateur, s'il veut apporter un peu de réflexion à ce qui vient d'être dit sur les fumiers, il conviendra qu'il peut, avec un peu de

soin et d'attention, et surtout sans de plus grands frais,
augmenter au moins d'un sixième sa quantité de fumier,
et que cette importante question mérite assez d'intérêt
pour qu'on s'en occupe.

Des engrais verts.

Pour suppléer au manque de fumier ou autres engrais animalisés, on se sert de plantes qu'on met sous
terre au moyen de la charrue ; cette opération se fait
avant la floraison ou peu de temps après. Cette méthode,
dont l'efficacité a la sanction d'une longue expérience,
permet d'obtenir des récoltes en céréales sur des terres
qui n'en produiraient pas sans le secours du fumier. Les
plantes les plus propres à former des engrais verts, sont
la fève, les pois, la vesce, pour les terres argileuses ;
le lupin, le sarrazin, pour les terres légères ; le seigle
et la spergule, pour les terres sableuses. Cet engrais a
l'avantage de n'exiger aucun déplacement, joint à celui
d'une pratique facile. Nous ne saurions trop engager les
propriétaires d'exciter leurs métayers à de petites expériences dont le succès les encouragera à pratiquer la
méthode, selon le besoin du domaine.

Des instruments.

A mesure que les arts ont fait des progrès, les moyens
de production se sont perfectionnés. C'est ainsi que la
charrue a remplacé la bêche ; la herse et le rouleau, l'é-
mottage à bras. Dans la Dordogne, la même charrue
est entre les mains des laboureurs depuis des siècles et
n'a subi aucune amélioration. La pauvreté, l'ignorance,
quelquefois le mauvais vouloir, sont la cause principale
de cette situation. Il faut, en effet, des ressources pour

acquérir un instrument nouveau, une certaine habitude et de l'adresse pour le manier, et de plus un certain courage pour renoncer à faire ce qu'on sait pour apprendre ce qu'on ignore.

Nous examinerons les instruments les plus immédiatement utiles, les conditions qu'ils doivent remplir pour faire un bon travail, et leur introduction dans les métairies. Nous indiquerons ceux qui, bien qu'utiles, ne sont pas indispensables.

De la charrue.

C'est le principal instrument aratoire de la culture. Ses fonctions, bien ou mal dirigées, apportent de grandes modifications à la prospérité de l'agriculture.

Les conditions principales que doit remplir une bonne charrue consistent : à être d'une construction simple et solide ; à trancher la terre verticalement et horizontalement, de manière à ne laisser sous elle ou à côté aucune parcelle de terrain sans la déplacer ; couper les racines des plantes ; renverser la terre de manière à exposer à l'air la portion détachée par le soc, en la tenant aussi soulevée que possible.

La manière d'atteler ou de régler une charrue peut varier, mais les principes qui régissent ce travail sont invariables. Il faut que le tirage s'exerce le plus directement possible sur le point de la résistance ; que cette résistance soit vaincue par la moindre dépense de force possible ; que le laboureur ait de l'aisance pour donner de la prise au soc ou lui en ôter s'il se produit une circonstance qui vienne rompre pour un moment l'harmonie de la marche de l'instrument. Cette aisance est encore utile au laboureur pour imprimer à la charrue des oscillations qui facilitent son passage.

Théorie. — Pour déplacer un corps avec plus de facilité, il faut que la force employée agisse directement sur le point de résistance ; mais comme, dans l'espèce, l'application de ce principe est impossible, puisqu'il faudrait que la puissance ou la force pût agir dans la terre en ligne directe avec le soc où se produit la résistance, il faut s'en rapprocher le plus possible en faisant agir la puissance dans une direction le moins oblique qu'il se peut.

Division de la charrue ou araire.

La charrue se compose de sept pièces principales : 1o le soc ; 2o le sep ou talon ; 3o les étançons ; 4o le versoir ; 5o le coutre ; 6o l'âge ; 7o les mancherons.

Le soc fouille dans le sol, détache la terre, coupe les racines des plantes ; il affecte diverses formes selon le genre des charrues ; il doit lisser le moins possible le fond de la jauge, pour ne pas augmenter le tirage par le frottement. L'aile varie de 20 à 25 cent. de largeur, ce qui modifie la rapidité du labour d'une certaine surface.

Le sep ou talon se relie en arrière du soc et à l'âge par les étançons. Son emploi est de supporter le poids de la charrue ; aussi est-il nécessaire qu'il soit étroit et légèrement convexe en dessous, pour éviter la trop grande surface en contact avec le sol.

Les étançons servent de montant pour relier l'âge avec le corps de l'arrière, et à soutenir le versoir, quelquefois les mancherons ; c'est sur eux que repose la solidité de l'instrument.

Le versoir est une des plus importantes pièces de la charrue. Si le soc détache la terre, le versoir est destiné à l'exposer à l'action vivifiante des agents atmosphériques. Selon que cette fonction est bien ou mal accomplie, la terre est productive et le travail plus ou moins parfait. Le versoir, placé sur le soc et un peu en arrière, doit présenter le plus faible épaulement possible. Vers le milieu de sa hauteur, il doit être évidé d'avant en arrière. L'extrémité supérieure, depuis le milieu en arrière, doit s'incliner en courbure douce vers le sol labouré, et l'extrémité inférieure doit au contraire se rapprocher du corps de la charrue. Dans les terres argileuses, le versoir doit être un peu plus long et descendre près du fond de la raie ; mais il est utile que dans les terres calcaires, qui adhèrent aux instruments, il soit sensiblement relevé et un peu plus court. Dans les terres légères, là ou la bande se brise vite, le versoir peut être encore plus court.

Le coutre ouvre la terre perpendiculairement au soc ; leur action combinée tranche la terre en longs rubans. Cette partie de la charrue peut rendre d'utiles services si on la place convenablement. Il doit porter de la pointe, un peu en dehors de la ligne du soc, et plutôt en avant qu'en arrière. Cette position permet au coutre de tracer un chemin libre au corps de la charrue qui le suit, et de dégager le soc de la pression du terrain sous lequel il est engagé. Le soc et le coutre doivent être suffisamment séparés pour que les obstacles qui pourraient s'engager entre eux ne viennent pas gêner la régularité de la marche de l'instrument.

L'âge soutient toutes ces parties déjà reliées entre elles, et guide leur marche dans le sol. C'est sur lui qu'est établi le point de tirage qui fait fonctionner la machine en avant, et les mancherons qui la guident en arrière. Il est quelquefois raide, d'autres fois brisé. Sa longueur doit être suffisante pour permettre de régler la charrue selon le besoin.

Une charrue bien construite doit présenter à l'œil un aplomb et une régularité parfaite dans toutes ses parties. Quand elle est bien réglée et que le laboureur l'a engagée dans le sol, elle doit, si le terrain est homogène, marcher quelques pas seule. Le laboureur ne doit avoir qu'à la guider lorsqu'elle rencontre des résistances anormales, telles que pierres ou racines.

De la herse.

La herse est, après la charrue, l'instrument qui rend le plus de services à l'agriculture. Elle sert à émotter, à sarcler, à semer. Même dans les terrains pierreux, où sa marche est assez difficile, on peut s'en servir avec profit. Après un labour, elle nivelle le sol, comble les dépressions de terrain occasionnées par la charrue, brise les mottes, isole et met au contact de l'air, du soleil et de la pluie, celles qu'elle ne peut écraser. Sur les plantes, elle rompt la surface durcie, leur donne par ce moyen un binage, et rompt la mousse dans les prairies naturelles ou artificielles. Elle unit le sol pour les semences, de manière à espacer le grain symétriquement ; moins énergique, elle sert à le recouvrir, et accélère ainsi un travail qu'il est presque toujours avantageux de faire avec rapidité.

Pour qu'une herse fonctionne bien, il faut que par sa construction elle soit d'un poids suffisant ; que toutes les dents agissent aussi simultanément que possible et à distance égale l'une de l'autre. On fabrique des herses en fer et en bois. Selon qu'on veut un travail énergique ou peu profond, on emploie l'une ou l'autre. La herse à lozange, appelée herse *Valcourt,* est la plus parfaite et la plus répandue. On l'attelle près de l'angle obtus, à **20** centim. du crochet, de manière que toutes les dents marchent dans la direction du tirage.

De l'extirpateur.

L'extirpateur est un instrument muni de trois ou cinq socs sans versoirs, qui sert à remuer la terre, à couper les mauvaises herbes, et qui peut, dans certains cas, remplacer la charrue, dont il triple le travail pour les semis, pour remuer un sol déjà labouré plusieurs fois.

Du scarificateur.

Le scarificateur agit comme la herse, mais d'une manière plus régulière et plus énergique. Son action est utile sur les luzernes vieilles, qu'il bine, sur les terres durcies, et pour arracher le chiendent.

Du rouleau.

Le rouleau sert à briser les mottes dans les sols argileux, à tasser les terres soulevées par les gelées, et encore celles où on a semé des graines fines, pour faciliter leur germination. Pour se servir du rouleau, il faut que le sol soit bien ressuyé. On construit aussi des rouleaux à pointes, qui sont des herses roulantes, dont l'effet est assez énergique ; ils ont l'inconvénient, pour peu que le terrain soit argileux et humide, de se bourrer, ce qui nuit à leur action. Le rouleau squelette, composé de disques en fonte, anguleux à leur circonférence et séparés par des rouelles en bois, long de 1 mètre sur un tiers de diamètre, est le plus parfait de tous ces instruments. Dans les terres argileuses, l'usage alternatif du rouleau et de la herse produit un excellent effet. Le rouleau tasse les mottes et les rend saisissables à la herse, qui, à son tour, soulève les mottes qu'elle ne peut déchirer, et les livre ainsi à l'action du rouleau.

De la houe à cheval.

La houe à cheval est un instrument destiné à remplacer le binage à la main dans la culture des plantes sarclées en ligne droite. Son emploi peut être très-utile dans les grandes exploitations. Un cheval fait marcher l'instrument.

Du buttoir.

Le buttoir sert à chausser les plantes sarclées en ligne. C'est un instrument qui a quelque ressemblance avec la charrue, et qui est muni de deux versoirs.

Instruments autres que de labour.

Du tarare.

Le tarare est un instrument peu connu des cultivateurs de notre pays. Son usage cependant est si profitable, qu'il serait avantageux au moins aux propriétaires qui récoltent une notable quantité de grains, et aux boulangers, qui pourraient encore tirer un certain profit de la location de cet instrument. Le nettoyage des grains par les femmes, ainsi qu'on le pratique généralement, est long, dispendieux et imparfait. Un bon tarare nettoie parfaitement le grain et occasionne peu de déchet. Un homme et une femme, ou bien encore deux femmes, peuvent, moyennant 1 fr. 20 c. par jour, nettoyer avec ce tarare, 80 hectolitres de grains. Le déchet que font les cribleuses double ou triple les frais de cette opération.

Du hache-paille.

On a remarqué que les animaux mangeaient plus volontiers la paille ou les fourrages lorsqu'ils étaient hachés. Cette opération a conduit à faire usage d'un instrument qui peut exécuter ce travail à peu de frais et en fournir une certaine quantité en peu de temps. La paille hachée, macérée pendant quelques heures et mélangée avec du son, constitue un aliment très-sain et dont les chevaux et les bœufs se montrent fort avides.

Du coupe-racines.

Il est impossible de distribuer à tous les animaux des betteraves, raves ou pommes de terre sans les couper. Dans une exploitation un peu importante, il serait trop long ou trop dispendieux de faire exécuter ce travail par des ouvriers ou des domestiques. Le coupe-racines supplée activement à cet inconvénient.

Du rouleau à dépiquer.

Pour peu que le nombre de gerbes soit considérable, que la moisson ait été retardée et que le temps soit peu favorable, on éprouve des difficultés pour battre le blé et l'avoine, ou tout au moins ce travail, souvent interrompu, en retarde d'autres. Pour activer cette opération, on se sert de moyens qui remplacent le fléau. En général, dans le Midi, on se sert de rouleaux ou de lisses, quelquefois des deux moyens à la fois. Les rouleaux sont ordinairement en pierres, les uns unis, les autres cannelés. Les lisses sont des sortes de traîneaux pleins en dessous, et qu'on charge de pierre. Leur action, en glissant sur la solée, est de faire sortir le blé de l'épi. Le rouleau agit par la pression de son poids. Les métayers qui ne pourraient pas faire l'acquisition d'un rouleau peuvent se servir de la lisse, qui est peu coûteuse et qu'ils peuvent eux-mêmes fabriquer. On attelle à ces deux instruments des bœufs, des chevaux ou des vaches; les vaches sont préférables aux bœufs, en ce que, plus vives, elles marchent plus rapidement. Soit qu'on se serve du rouleau ou de la lisse, il est facile de dépiquer 8 à 10 dizaines de gerbes par jour, avec trois femmes pour assoler, et une paire de vaches qui roulent pendant quatre heures.

Des labours.

Il est impossible de définir d'une manière positive les saisons convenables pour les labours; aussi n'en parlerons-nous que sous le rapport de l'exécution.

Le but de ce travail est de remuer la terre le plus possible, d'exposer toutes ses parties au contact des agents atmosphériques, de la diviser de telle sorte que les racines des jeunes plantes puissent bien s'y développer. Cette division est encore utile pour que les matières propres à la nourriture des végétaux qu'on sème ou plante sur le sol, soient d'une plus faible absorption. Une motte de terre, inaccessible aux racines, ne laisse rien échapper des sels qu'elle renferme; et n'ayant pas reçu l'action de la chaleur ou des pluies, ces sels, ainsi isolés, n'ont pu être transformés ou dissous. Voilà qui explique ce que chacun sait, qu'une terre bien travaillée donne une récolte supérieure à celle qui l'est mal. Le labourage est l'opération la plus importante de la culture.

On a beaucoup dit et beaucoup écrit pour et contre les labours à billons; des agriculteurs distingués les ont préconisés; d'autres, non moins recommandables, les ont combattus. En présence de ces opinions contraires, il est difficile de se prononcer. Sans prétendre juger la question, et faisant au contraire des réserves pour l'utilité de chacune de ces deux méthodes, nous citerons les résultats de notre pratique et de nos observations. Les labours à plat, sur un sol légèrement incliné et où les eaux s'écoulent facilement, présentent l'avantage d'ensemencer à la herse, de faciliter le fauchage et le transport des fourrages qu'on y récolte. Les labours à billons peuvent être utiles dans les terres imperméables, en isolant la couche végétale d'une humidité destructive ; et encore dans les terrains pauvres, en ce qu'ils fournissent le moyen d'accumuler une plus grande quantité de terre végétale sur l'ados. Même dans les terres riches et profondes, cette méthode peut être favorable à la culture des racines pour fourrage.

Une expérience faite sur une pièce de terre de fertilité égale sur tous les points, a constaté la supériorité du labour à plat. La pièce en expérimentation était d'une contenance de 10 hectares, dont la moitié fut semée en blé à plat, recouvert avec la herse ; l'autre moitié, aussi semée en blé, recouvert à la charrue et à billons. Le semis à la herse fut divisé en planches de 10 mètres. La naissance du blé fut plus régulière sur les planches que sur les billons. Du moment du tallage à la récolte, la différence fut peu perceptible ; lors de la moisson, le nombre de gerbes fut à peu près égal. Au battage, une légère différence de rendement se manifesta en faveur du semis à plat, mais surtout au poids : le blé recouvert à la herse pesait une livre et demie de plus que l'autre. On avait pu remarquer, du reste, que les épis sur labour à plat étaient plus uniformes que ceux venus sur les billons, dont le milieu offrait des épis très-beaux, mais dont les côtés étaient moins bien fournis. Cette pièce avait été entièrement semée en fourrage dans le blé ; le rendement fut d'un dixième en plus en faveur du labour à plat, bien que toute la pièce parût uniforme; la cause en était que les nombreux accidents de terrain avaient empêché la faux de couper le fourrage sur le fond des billons.

Les labours à billons, outre les inconvénients qui viennent d'être signalés, ont encore celui d'empêcher les labours croisés, si utiles pour bien labourer le sol, et qui peuvent réparer les imperfections des labours précédents. Par ce procédé, on diminue encore, en amoncelant la terre en ados, l'influence de la pluie, de l'air et du soleil.

Les labours à plat ou en planches, ont l'avantage de suivre toute la surface du sol d'une façon régulière, de renverser la terre sans la tasser en la superposant, de permettre les labours croisés en tous temps. Dans plusieurs départements du Midi, où les semailles se font à la charrue et à billons, on fait les labours de préparation à plat. Cette disposition permet de se servir de la herse, du rouleau et de l'extirpateur, qui ne pourraient fonctionner sur le labour à billons.

Du défoncement.

Lorsqu'on veut approfondir la couche arable du sol, pour lui donner plus de propriétés qu'il n'en possède, on a recours au défoncement. Cette opération, qui au premier coup d'œil semble très-simple, mérite la plus scrupuleuse attention. Dans certaines circonstances, elle peut amener les plus déplorables résultats. Lorsque le soussol est d'une nature opposée à la couche végétale, il modifie les propriétés de celle-ci ; s'il est aride, on s'expose à perdre, pendant plusieurs années, toute espérance de récolte. Il arrive quelquefois que le fumier ne répare que très-imparfaitement l'imprudence commise. On comprend que si on ramène à la surface de l'argile pure ou de la terre dont la nature est impropre à la végétation, il faudra longtemps, même avec des engrais, pour qu'elles acquièrent les qualités physiques indispensables. L'action des agents atmosphériques pourra seule, et avec un temps plus ou moins long, les décomposer, les rendre plus poreuses, plus meubles et plus propres à s'imprégner de sucs utiles à la végétation. Dans ces terres, il est prudent de ne défoncer que progressivement ; à mesure que la nouvelle couche s'améliore, on peut en soulever une seconde. Ce défoncement à quelque analogie avec l'amendement par le mélange des terres ; aussi faut-il avoir en vue qu'il ne faut pas l'introduire en excès nuisible.

Les terres calcaires peuvent être défoncées sans inconvénient ; là, on n'a pas à ramener à la surface une couche acide ou indivisible. Le mélange avec la terre végétale s'opère rapidement, à cause de la nature même de sa composition. Dans ce genre de sol, un bon défoncement, qui est toujours très-coûteux, peut décupler la valeur primitive de la surface arable. Il est à la connaissance de tous les agriculteurs du département, que des coteaux arides, soumis à ce travail préparatoire, ont donné naissance à des vignes d'une vigueur et d'un produit très-remarquables.

Le défoncement s'opère avec des instruments mus par la force des animaux ou à bras d'hommes. Ce travail est plus parfait par les derniers. Lorsqu'on a à défoncer sur le roc, les hommes seuls peuvent l'exécuter. On se sert pour cette opération de divers instruments : la pioche, le pic, le levier en fer, une espèce de pic à bec de ciseau, qu'on nomme troue, sont les outils ordinaires des pionniers qui exécutent ce travail.

Dans les sols où la couche à défoncer est molle, les hommes se servent de la bêche et de la pioche. Le défoncement par les animaux s'opère au moyen d'un instrument construit exprès, ou d'une forte charrue. On peut encore se servir simultanément des animaux et des hommes. A cet effet, la charrue ouvre aussi profondément que possible une jauge, que des hommes, venant derrière elle, approfondissent avec les instruments dont nous avons parlé.

Des plantes.

Nous diviserons les plantes cultivées en six catégories, établies selon leurs usages :

1re. — *Plantes farineuses*, qui servent à la nourriture de l'homme, comprenant le blé, le seigle, l'avoine, l'orge, le maïs et le sarrazin.

2me. — *Plantes légumineuses*, comprenant les fèves, les pois, les haricots et les lentilles.

5me. — *Plantes fourragères*, comprenant la luzerne, le sainfoin, les trèfles, la vesce, la jarrosse, les choux, les pommes de terre, les betteraves, les raves, les navets, les carottes et le panais.

4me. — *Plantes oléagineuses*, comprenant toutes celles qui produisent de l'huile, le colza, la navette, le lin.

5me. — *Plantes textiles*, comprenant celles dont les fibres de l'écorce contiennent une substance propre à être tissée. Le lin et le chanvre sont les seules plantes textiles cultivées dans notre pays.

6me. — *Plantes tinctoriales*, employées pour la teinture, la garance, la gaude et le pastel, dont nous ne parlerons que pour mémoire. Il en sera de même pour le tabac et le cardère à foulon, dont la culture, pour être suffisamment étudiée, exigerait un développement que l'étendue de cet ouvrage ne permet pas.

PLANTES FARINEUSES.

Du blé. — De tous les végétaux cultivés, le blé est celui qui contient la plus grande somme de substances nutritives. On en cultive plusieurs variétés : blés barbus, glabres ou sans barbe ; ceux de cette dernière s'appellent encore blés fins, par opposition aux premiers, qu'on désigne sous la qualification de blés gros. Les blés fins contiennent en général plus de farine que les autres, mais aussi moins de gluten ; la boulangerie emploie le blé fin, les fabriques de pâtes de Gênes se servent de blé gros. Celui-ci est encore préférable pour le ménage ; le pain qui en provient se tient plus longtemps frais, est plus savoureux ; la pâte, moins blanche que celle provenant du blé fin, a plus de liant et exige d'être moins vivement brassée. Le commerce recherche préférablement les blés fins.

La terre qui convient le mieux au blé est celle qui offre une certaine consistance ; toutefois, les engrais et les amendements peuvent faire obtenir de beau froment sur des sols qui, primitivement, n'avaient pas cette qualité. Les terrains humides, où on cultive de préférence les blés gros, donnent un produit plus considérable en paille ; mais le grain est plus chargé de son, et par ce motif d'un poids moindre. Un terrain plus chaud donne moins de paille ; mais le grain, mieux nourri en farine, est plus pesant.

Préparation du sol. — La couche arable doit être bien nettoyée des mauvaises herbes par les labours de préparation ; il n'est pas indispensable, surtout dans les terres argileuses, qu'il ne se trouve pas quelques petites mottes qui, délitées par l'effet des gelées, chaussent la plante : le blé craint plus le déchaussement qui peut se produire dans un terrain trop meuble, que le tassement. Lorsqu'on sème le blé sur jachère, le dernier labour doit être moins profond, pour ne pas ramener à la surface un terrain qui n'aurait pas assez de temps pour recevoir l'influence des agents atmosphériques ; aussi, pour cette façon, l'extirpateur, qui fait plus de travail que la charrue, serait-il d'un utile secours.

Les blés sur trèfle doivent être semés sur un seul labour ; mais pour cela, il est utile d'avoir une charrue qui fonctionne bien ; car le travail étant imparfait, les irrégularités de terrain empêcheraient la semence de se répartir également, et il serait impossible de la recouvrir d'une manière uniforme. Plusieurs propriétaires se sont mal trouvés du blé sur trèfle, par le motif, d'abord, que ne voulant pas renoncer à un fourrage établi, ils l'ont laissé deux ans sur la même terre ; que celle-ci s'est salie de mauvaises herbes ; que le trèfle s'étant dégarni, est devenu moins fertilisant, et qu'encore le trop grand nombre de façons a fait perdre, par l'évaporation, tous les sucs produits par la plante. De nombreuses expériences pourraient être citées à côté de ce raisonnement.

Choix de la semence. — On ne saurait trop s'attacher au choix du blé qu'on sème ; après tant de peines et de soins pour préparer le sol, et le prix des autres avances, on ne doit pas regarder à un petit sacrifice pour se procurer une bonne semence. On pourrait avoir de grands regrets de n'avoir pas pris ses précautions, si on jetait sur sa terre un mauvais grain qui amoindrirait la récolte, ou de la semence impure qui, le salissant, paralyserait les longs travaux faits pour le nettoyer des plantes nuisibles. Plusieurs propriétaires vont quelquefois chercher au loin leur blé de semence ; nous ignorons s'ils s'en sont bien trouvés : notre expérience, basée sur de nombreux essais, ne nous a rien offert de concluant sur ce procédé. Lorsqu'on a du blé trop sale, on peut en trouver auprès de ses voisins, qui soit mieux nettoyé ; mais comme on ne saurait apporter trop d'attention à épurer sa semence, on le fait trier à la main. Cette opération qui, au premier aspect, semble très-coûteuse, ne revient pas à plus de 50 cent. par hectolitre de main-d'œuvre, plus le déchet, qui varie de valeur selon le prix du blé. Il faut éviter de faire cribler par les femmes; car n'étant pas assez fortes pour secouer le blé de manière à ne ramener que les débris de paille, elles enlèvent une partie de blé, qui se trouve toujours le plus gros et le mieux constitué. Ce procédé, qui dispense de recourir à des moyens extérieurs pour se procurer de la bonne semence, est le plus parfait de tous, à moins cependant qu'on ne veuille changer de variété.

Du chaulage, vitriolage, ou sulfatage des blés.

C'est par erreur que les cultivateurs de plusieurs pays appellent la carie *charbon;* celui-ci se produit pendant ou peu de temps après la floraison; et le grain récolté n'en porte aucune trace; tandis que dans la carie, l'épillet qui porte le grain carié, est tout aussi bien conformé que les autres; seulement, il présente le reflet de la couleur noire du grain qu'il renferme, et qui, au battage, reste quelquefois intact : sous la pression du doigt, il se réduit en poussière noire. Pour préserver les blés contre ce fléau, on a essayé, avec quelques succès, d'une dissolution de chaux vive ou de sulfate de soude (sel de Glauber), quelquefois des deux combinés; d'autres fois encore, une dissolution de sulfate de cuivre (vitriol bleu) a produit un excellent effet.

Lorsqu'on emploie la chaux pure, deux livres suffisent pour chauler convenablement : à cet effet, on répand sur le sol le blé de semence, hectolitre par hectolitre; on arrose l'un avec de l'eau pure ou avec une dis-

solution de sel de Glauber, 125 grammes par hectolitre.
Si on veut user des deux, on brasse le tas vivement; et
lorsque le grain est suffisamment imprégné, on saupou-
dre avec la chaux; et on recommence à brasser jusqu'à
ce que tous les grains paraissent couverts de chaux. On
met ce premier hectolitre de côté, et on fait la même
opération sur un autre. Le vitriolage se pratique de la
même manière. On remplace le sel de Glauber par le
vitriol, à la même dose, et on le répand sur le grain, de
la même façon; il faut avoir soin que tous les grains de
blé soient humectés, sans que le liquide coule au dehors du tas. On peut laisser le blé ainsi préparé un ou
deux jours; passé ce temps, il faudrait le remuer pour
empêcher qu'il s'échauffe.

Le vitriolage est le moyen le plus usité dans le Midi,
et il est peu d'exemples qui viennent contester son efficacité; il agit sans le secours de la chaux, dont l'usage a
l'inconvénient de gêner le semeur par la poussière qui
s'échappe. Le vitriol, ou sulfate de cuivre, coûte 15 fr.
les 50 kilog.; les frais par hectolitre seraient de 4 centimes environ.

Il n'est pas hors de propos de parler ici de certains
engrais qui ont la prétention de décupler la récolte par
leur mélange avec la semence. On peut faire des com-
positions combinées de telle sorte, que certains sels
mêlés ensemble forment une pâte qui prâline la semence,
et dont par conséquent le volume est fort restreint. On
peut comprendre encore que cette substance ait le pouvoir d'activer la germination; mais il est moins facile à
saisir que cette propriété puisse s'étendre à toutes les
phases de la végétation. Quelque concentré que soit un
engrais, il est peu croyable qu'en si mince volume, il
puisse produire les effets si pompeusement annoncés.
Quand ces productions sont vantées avec bonne foi,

elles sont plus dangereuses que blâmables ; mais quand c'est l'œuvre du charlatanisme qui tire ainsi des lettres de change sur la crédulité des cultivateurs, on ne saurait trop prémunir ceux-ci contre les pièges que l'on tend à leur bourse.

Semailles. — Les semailles se font à la volée, au semoir ou au plantoir ; la première méthode est la plus usitée, la plus sûre, et peut-être aussi la plus parfaite : un bon semeur ne saurait être remplacé par une machine ; les semoirs peuvent avoir un avantage pour le semis en ligne ; mais l'efficacité de ce procédé est loin d'être démontrée profitable par la pratique. Le semis au plantoir, que nous avons vu pratiquer sur une grande échelle, a un avantage immense dans les terres très-riches : on économise les deux tiers au moins de la semence, et le pied qui provient de deux, trois ou quatre grains, a une vigueur remarquable ; le faisceau d'épis, lié par une seule souche, résiste mieux à la verse. Cette méthode a l'inconvénient d'exiger beaucoup de temps et beaucoup de bras ; il est peu de situations où un agriculteur puisse en user. Il a fallu les ressources d'un propriétaire que nous citons : il est directeur d'une ferme modèle, et a cinquante-sept, élèves qui, aidés d'un certain nombre d'ouvriers, font le travail : les résultats qu'il obtient sont très-remarquables.

Le blé est recouvert par la charrue ou à la herse ; aussitôt qu'une pièce est emblavée, on doit ouvrir les raies d'écoulement. Dans les terres fortes, la charrue peut suffire ; dans les terres légères, le secours des ouvriers est indispensable ; car la terre relevée par la charrue retombe dans la raie. Cette opération est assez importante pour que les cultivateurs ne la négligent pas ; s'il vient à pleuvoir, on ne peut plus entrer dans ces terres sans les gâter; et si ce travail reste à faire, la récolte peut s'en ressentir.

Il est difficile de déterminer l'époque à laquelle on doit semer : dans notre pays, on commence vers la fin d'octobre, et on continue quelquefois jusqu'à fin novembre. Les terres légères doivent être ensemencées plus tôt et par un temps sec; les terres argileuses ou calcaires peuvent être retardées, l'humidité du sol étant une circonstance favorable. On doit toujours bien aplanir le sol et ne point s'inquiéter s'il y a quelques mottes; elles sont plus utiles que nuisibles, pourvu cependant qu'elles ne soient pas d'un trop grand volume.

La quantité de semence à jeter, varie selon la fertilité du sol et l'époque des semailles : dans un terrain fertile, il faut moins de semence que dans celui qui est médiocre. Lorsqu'on sème trop tard, le blé n'ayant pas autant de temps pour taller, la quantité doit être plus grande que quand on sème de bonne heure; la dose moyenne est de deux hectolitres par hectare.

Hersage du blé.

Au printemps, si les gelées ont trop soulevé la terre, il faut la tasser pour que la plante ne reste pas déchaussée, ce qui nuirait à sa venue et l'empêcherait de taller. Si, au contraire, elle s'est resserrée ou battue, un hersage est de la plus grande utilité; dans tous les cas, cette opération peut être utile; elle donne un binage à la plante, en brisant les mottes qui restent; et en renouvelant la surface, elle l'ameublit.

Le sarclage a pour but de débarrasser le sol des herbes nuisibles qui seraient préjudiciables au blé; cette opération doit se faire fin avril ou au commencement de mai, avant que le blé soit trop fort; on se sert de la main, autant que possible, parce qu'alors on arrache ; pour les chardons, on les coupe avec une petite houe ou sarclette. Plus tard, lorsque le blé n'est pas tout à fait en épi, on aperçoit des pieds de seigle qu'il faut arracher pour ne pas mêler le grain.

De la moisson.

Dans le département, on coupe les céréales à la faucille ; l'usage plus expéditif de la faux n'a pas encore été introduit. On doit mettre beaucoup de prudence dans l'adoption d'une méthode à laquelle les ouvriers ne sont pas bien exercés : nous, qui avons l'expérience de dix ans du travail comparatif de la faux et de la faucille, nous ne saurions laquelle a l'avantage, tout considéré. Avec la faux, la moisson est plus tôt faite : c'est quelquefois un très-grand point que de sauver quelques jours de chance de mauvais temps ; l'éteule ou la portion du pied de la plante qui reste en terre est moins longue avec la faux : c'est donc une quantité de paille plus considérable qu'on obtient par ce procédé. D'un autre côté, si les blés sont fournis d'herbes, il faut laisser sécher celle-ci, de crainte qu'en s'échauffant elle nuise au blé ; il n'est pas toujours facile de trouver des ouvriers dressés à ce genre de travail : le javelage est plus difficile; les gerbes, plus nombreuses, augmentent le transport ; le battage est plus long, car on est obligé de mettre la solée plus mince. Somme toute, cette méthode n'a d'avantage bien marqué que pour les pays où la maturité se fait rapidement.

Un moyen de faucillage qui nous paraît le plus avantageux, est de laisser, selon la hauteur de la tige du blé, douze à quinze pouces de chaume sur terre, pour être fauché plus tard. Ce procédé donne une paille nette de mauvaises herbes ; le transport et le battage devien-

nent plus expéditifs ; le chaume, fauché à la faux et peu
de jours après la moisson, immédiatement si c'est possible, donne des ressources fourragères et de la litière
en plus grande abondance, et débarrasse le sol des mauvaises herbes qui, venues à graines, l'infestent. Le prix
de ce travail serait largement compensé par le produit.
Il est évident que cette méthode ne peut être pratiquée
que sur des récoltes moyennes, d'un produit de 15 hectolitres à l'hectare ; sur les sols pauvres, on doit couper
aussi près de terre que possible. Le prix du fauchage
du chaume coûte environ 6 fr. par hectare.

Une pratique usitée dans quelques localités, consiste
à couper le blé avant sa parfaite maturité ; il est certain
que par ce moyen on empêche l'égrenage qui résulte
d'une trop longue dessication : dans ce cas, le grain est
plus beau, parait mieux nourri, et a plus de faveur sur
les marchés. On allègue que sa conservation est plus
douteuse ; mais cela n'est pas parfaitement prouvé.

On apporte en général dans les métairies trop de len-
teur aux travaux de la moisson ; il n'est cependant aucune
opération agricole qui mérite plus d'activité : les ouvriers
doivent être divisés chacun à sa besogne, pour ne pas
entraver le service ; un orage peut être quelquefois évité,
quant à ses conséquences, par la célérité et l'ensemble
des travaux. Les cultivateurs ne devraient jamais perdre
ces considérations de vue.

Lorsqu'on ne peut pas rentrer la gerbe immédiatement, on la dispose dans le champ, en dizaines : quatre
gerbes, le grain tourné du côté du levant, sont posées
sur le sol ; on en place trois par-dessus pour le second
rang, deux pour le troisième ; la dixième termine cette
pyramide. Il y a plusieurs autres manières de disposer
les gerbes dans les champs, de façon à les mettre à
l'abri de la pluie.

Produit du blé. — Dans la plupart des métairies du Périgord, la récolte en blé sur maïs produit, en moyenne, 10 hectolitres à l'hectare. Sur plusieurs points de la France, le blé produit, en moyenne, 15 à 18 hectolitres. La plupart des terres emblavées de notre pays sont favorables, par leur nature, à la production du blé. Cette grande différence tient-elle à l'épuisement produit par le maïs? C'est probable.

Prix de revient du blé dans les métairies.

Une métairie pourvue de prés en quantité suffisante pour nourrir les bestiaux de travail et dont la qualité du sol est moyenne, a une valeur locative, pour les terres à blé, de 50 fr. par hectare, ci.................... 50^f

Semences, 2 hectolitres, à 15 fr............... 50

Trois labours, à 12 fr. l'un.................... 56

Frais d'émottage, sarclage, moisson, battage,
2 fr. l'hectolitre............................... 20

Fumier, 5 voitures à 6 fr...................... 50

—————

166^f

Le maïs produit, par hectare, 10 hectolitres à 10 fr., ce qui fait 100 fr. Perte à la
charge du blé................................. 66

TOTAL................... 252^f

Produit de la paille, le double du poids du
blé, 1,600 kil., à 2 fr. les 100 kil.   52^f

10 hectolitres de blé, à 15 fr.......... 150

TOTAL........................ 182^f

Il reste à payer en frais à supporter par le
blé.. 50^f

—————

Cette somme, portée au prix de la vente du blé, fait

montèr celui-ci, par hectolitre, à 20 fr. de coût au propriétaire. En faisant un compte bien strict, il serait facile de prouver qu'il arrive, dans beaucoup de métairies, que le blé revient au cultivateur à 25 et même à 50 fr. Un calcul plus simple et plus pratique dans l'espèce, le prouvera : une métairie de 8 hectares de terres labourables a ordinairement au moins 150 quintaux de fourrages, qui, à 2 fr. l'un, égalent...................... 500f

 Cette métairie vaut, en moyenne, 12,000 fr.,
  et l'intérêt à 5 p. 100 est de................. 560
 Les impôts pour la part du propriétaire...... 25

   Elle coûte au total..................... 685f

Elle produit, pour la part du propriétaire,
 16 hect., semence déduite, à 15 fr. 240f
En maïs, 16 hectol., à 10 fr............ 160
En bénéfices sur le bétail, sa part.... 40
En menus grains, fèves, haricots, etc. 25
  Total du produit..................... 425f

Perte... · 260f

qui, répartie sur les 16 hectolitres de blé, font arriver celui-ci à coûter 51 fr. 25 cent. ; ou, pour simplifier le calcul, faire la somme des autres produits, qui s'élèvent à 225 fr., et diviser les 460 fr. restants par les 16 hectolitres, ce qui donnera le même résultat. Qu'on ne nous accuse pas d'avoir fait un calcul à plaisir; il est basé sur la pratique locale prise sur le fait; et s'il y a quelque chose de forcé, c'est le produit. Il y a évidemment dans ce système de culture quelque chose de vicieux qu'il est urgent de réformer : si le blé et le maïs sont si onéreux à produire, il faut au moins restreindre leur culture et chercher à la remplacer par quelque moyen plus lucratif. Les métayers ont en général une propension à ensemencer de grandes étendues. Les mauvaises terres coûtent autant de travail que les bonnes ; si les premières sont ingrates, pourquoi ne pas les abandonner et en créer des pâturages aussi productifs que possible ? Lorsqu'on aura, sans dépenser autant, amélioré les terres les plus profitables, on pourra attaquer la culture des médiocres ; c'est, qu'on y réfléchisse bien, le seul moyen de faire des progrès en fertilité, sans être obligé de faire des avances.

Du blé de printemps. — D'après l'opinion des plus célèbres agronomes, le blé de printemps n'est pas, d'origine, une variété particulière, mais bien un blé d'hiver, dont le tempérament, modifié par une longue succession de culture, a pu parcourir toutes les phases de sa végétation dans un temps moins long que les blés d'hiver. On commettrait une grande erreur si on croyait qu'on peut obtenir d'un blé d'automne semé au printemps, les mêmes résultats que fournirait un semis de blé accoutumé à cette culture. Le blé de printemps donne un grain plus petit que les variétés d'hiver ; son produit est généralement inférieur. Nous avons cependant l'expérience que le blé richelle de Grignon a donné souvent un produit beaucoup supérieur aux cultures d'hiver de cette céréale. La cause sans doute de cet effet tenait à ce que le sol, bien préparé et fortement fumé dans une culture précédente de betteraves ou de pommes de terre, lui avait fourni une fertilité dont les blés d'hiver, venant plus tard dans l'assolement, ne pouvaient profiter au même degré.

Il peut se rencontrer quelques situations exceptionnelles où la culture du blé de mars peut être profitable. Ainsi, dans les sols naturellement fertiles et dans un assolement qui commencerait par les plantes sarclées, le blé de mars pourrait remplacer avec avantage l'orge et l'avoine; il en pourrait être de même pour les terres bien amendées et amenées par la culture à un état de fertilité convenable. Pour donner un chiffre à cette situation, il est à présumer que les terres qui peuvent fournir en blé d'hiver un produit de 20 à 25 hectolitres par hectare, seraient propices à la culture du blé de mars, établie comme il a été dit d'abord.

Le sol qui convient au blé de printemps est une terre légère, substantielle et bien préparée; on le cultive de la même façon que les autres céréales; seulement, si le sol est très-meuble, un coup de rouleau après la semaille est indispensable. On pourra alléguer contre la culture du blé de mars et celle des autres céréales de la même saison, l'inconstance de la température ou la sécheresse des printemps. La réponse à cette objection sera prise dans la pratique : depuis bien des années, l'avoine de mars a rarement manqué dans le Périgord; les autres céréales peuvent également réussir. Le climat du département n'est pas, par sa nature, opposé à la production de ces récoltes; de plus, la *fertilisation* du sol modifie ses propriétés; et disons, ce que chacun sait, que les terres fertiles et convenablement travaillées, résistent mieux aux variations des saisons que les sols négligés ou arides. Si on ne devait rien changer aux habitudes prises, et continuer un système de culture épuisant, il serait non-seulement inutile, mais encore onéreux, d'introduire des plantes qu'on n'entourerait pas de circonstances favorables à leur réussite.

La semaille du blé de mars doit être plus épaisse que celle du blé d'hiver; mais comme le grain est plus petit, on peut conclure que la quantité en volume ne doit pas être sensiblement plus considérable.

On cultive plusieurs variétés de blé de mars : le blé

richelle de Grignon est très-répandu depuis quelques années; sa qualité est très-belle, et sur les terres de cette ferme, il a produit jusqu'à 44 hectolitres par hectare; son prix est plus élevé que celui des autres blés. Nous ignorons s'il a été fait des expériences de la culture de blé de mars dans le département; mais, sans en conseiller une culture irréfléchie, nous engageons les cultivateurs à ne pas perdre de vue les services qu'il peut rendre dans le cas particulier où, par une cause quelconque, les blés d'hiver auraient été détruits.

Du seigle. — On sème le seigle dans les terres trop légères pour produire du blé, à moins cependant qu'on le destine à faire des liens pour la gerbe du blé ou de l'avoine. Dans le Périgord, on cultive le seigle dans les terres sableuses; il y a beaucoup de terres où on sème du blé, qui donneraient un produit supérieur en seigle. On prépare la terre comme pour le blé, et les diverses phases de sa culture sont à peu près les mêmes; seulement, le seigle doit être semé plus tôt, dans les premiers jours de septembre; la hâtivité de la semaille a une grande influence sur la production.

On cultive le seigle comme fourrage vert; de cette manière, il a l'avantage de fournir un fourrage précoce, mais qu'il faut ne pas avoir en trop grande quantité; s'il devient dur, il perd beaucoup de ses qualités, et les bestiaux le rebutent; on peut s'en servir encore comme pâturage pour les moutons dans les terrains sableux, et comme engrais vert en l'enfouissant.

Le seigle peut donner des produits, comparativement plus considérables dans les terres légères et fertiles; plus tôt mûr que le blé, il est exposé à moins de chances de sinistres : dans notre pays, où on consomme beaucoup de maïs, il offre en outre cet avantage, que sa farine, mêlée à la farine de celui-ci, forme un excellent mélange ; la pâte fournie par le seigle a un liant qui manque à celle du maïs.

Cette plante est exposée à une maladie qui n'attaque guère les autres céréales : pendant les printemps humides, lors de la floraison du seigle, une pluie prolongée fait couler la fleur ; il se produit une substance visqueuse qui, prenant plus de consistance, devient noire et prend la forme d'un ergot de coq, ce qui a fait donner à cette maladie du seigle le nom d'*ergot, seigle ergoté*. Les cultivateurs doivent apporter leur attention à ce que le seigle destiné à la mouture ne contienne pas d'ergot, car c'est un poison qui, même en petite quantité, peut nuire à la santé ; l'inconvénient est moindre pour la semence, car l'ergot ne paraît pas porter atteinte à la plante en terre ; seulement, il tient la place du bon grain.

De l'avoine. — De toutes les céréales, l'avoine est celle qui s'accommode le mieux d'une terre et d'une culture négligées : plus rustique que les autres, quant aux moyens d'entretenir sa végétation, elle demande moins de soins pour la préparation du sol ; cependant, dans une terre fertile et bien préparée, l'avoine peut arriver à un produit en grains qu'aucune autre céréale ne pourrait atteindre. On cultive peu l'avoine dans le département ; il est pourtant bien des pièces de terre qui ne donnent qu'un chétif produit en blé, et qui en avoine seraient bien plus productives ; les métayers trouveraient un avantage à l'introduire : la récolte en grain dépasserait peut-être en valeur celle du blé, et la paille, plus abondante, est aussi bien plus nutritive pour le bétail.

On sème l'avoine à l'automne ou au printemps ; bien qu'elle soit moins délicate sur la préparation du sol que le blé, elle donne des produits d'autant plus considérables que la culture a été mieux soignée; elle peut produire jusqu'à 60 hectolitres et plus par hectare : la moyenne, dans les terres fortes, est de 25 sur un sol bien travaillé; ordinairement, on la sème sur un seul labour, ou deux au plus. Il faut semer de bonne heure, en septembre, afin que cette plante, déjà un peu forte, puisse mieux résister à la gelée, qu'elle redoute beaucoup.

La quantité à semer varie à l'infini, depuis un hectolitre et demi jusqu'à quatre par hectare; mieux le terrain est préparé, moins il faut comparativement de semence, car l'avoine talle beaucoup. On sème aussi l'avoine au printemps; quand le brouillard ne la surprend pas, ce qui arrive trop souvent dans le pays, la récolte est abondante. Cette culture exige une semaille plus épaisse que celle d'hiver.

Il faut couper l'avoine avant qu'elle soit trop mûre, car elle s'égrénerait facilement si on la laissait arriver à un trop haut degré de dessication. On laisse les javelles sur le sol, pour que la pluie ou la rosée puissent exercer leur action sur elles. Ce procédé, qui consiste à les retourner de temps à autre, donne à l'avoine une couleur plus foncée, très-appréciée par le commerce.

On cultive deux variétés principales d'avoine, la blanche et la noire; le grain de celle-ci est plus rond, brun, luisant, et plus productif dans un sol convenablement préparé. L'avoine blanche est plus rustique, le grain plus allongé, moins pesant, mais contient peut-être en plus grande quantité ce principe stimulant que nul autre grain ne possède, et qui donne de la vivacité aux animaux qui la consomment. La pratique nous a démontré que le terrain influe beaucoup sur la couleur de l'avoine; la même semence, répandue sur un terrain argileux et sur un sol siliceux, a donné à la récolte, et sur pied, un grain blanc pour le premier, et noir pour le second.

De l'orge. — De toutes les céréales qu'on pourrait cultiver avec avantage sur les nombreuses terres calcaires du département, l'orge est en première ligne, car ce terrain lui est particulièrement propice; les terres trop sableuses lui conviennent d'autant moins qu'elles ont moins de consistance. Une bonne préparation est une condition essentielle de la réussite de cette plante; il faut donc la semer dans la poussière si c'est possible, et l'enterrer à 12 ou 15 centimètres. La charrue du pays conviendrait parfaitement pour ce travail.

On cultive plusieurs variétés d'orge. L'orge d'hiver, *escourgeon*, qui se sème à l'automne, dans la première quinzaine de septembre, est la plus estimée pour la fabrication de la bière ; c'est aussi la plus productive. Elle redoute les hivers trop rigoureux, ainsi que toutes ses congénères. C'est, entre toutes les céréales, celle qui mûrit le plus tôt.

L'orge de printemps, dont on cultive un grand nombre de variétés, est d'une immense ressource pour ensemencer les terres ayant porté du maïs ou des pommes de terre, et qu'on n'aurait pu semer à l'automne. Semée dans de bonnes conditions, cette céréale peut donner des produits supérieurs au blé.

Les variétés de printemps qu'on cultive le plus ordinairement, sont :

La grande orge à deux rangs, ou *orge plate,* qui s'accommode le mieux des semailles hâtives ; son grain est gros, pesant et d'excellente qualité.

La petite orge à quatre rangs, qu'on peut semer jusqu'en mai, sa végétation étant plus prompte. Elle s'accommode mieux d'un terrain médiocre, mais ses produits et leur qualité sont inférieurs à la précédente.

L'orge céleste, ou *orge carrée nue,* est considérée comme la plus productive des orges de printemps; elle est plus difficile sur le choix du terrain. Elle talle davantage que les autres, et sa paille a plus de qualités. Une de ses propriétés les plus distinctives, c'est qu'après le battage sa graine est entièrement nue, ce qui la rend très-propre à être mélangée avec la farine de blé et de seigle, pour la panification.

Il existe encore d'autres variétés d'orge dont il ne sera pas question, leur culture étant moins connue. Dans les assolements qui introduisent la culture des céréales de printemps, l'orge peut être d'un utile secours sous le rapport de l'époque de ses semailles et de ses produits, et aussi pour favoriser les semis de prairies artificielles. On peut semer l'orge de printemps depuis fin mars jusqu'au commencement de mai. La quantité de semence, par hectare, varie, en raison de la grosseur du grain, de 2 hectolitres pour la graine fine à 2 hectolitres et demi pour la grosse. Le chiffre du produit est difficile à assigner sans connaître les circonstances de sa culture. La paille d'orge est peu nourrissante pour le bétail.

Les usages de l'orge sont très-nombreux. On s'en sert pour la fabrication de la bière, pour les distilleries. Germée et légèrement fermentée, c'est une excellente nourriture pour les bœufs d'engrais et les vaches laitières; sa farine concassée, mêlée à des herbes cuites ou aux pommes de terre, forme une excellente pâtée pour les cochons. Dans le Midi, on remplace l'avoine par l'orge dans la nourriture des chevaux. C'est un bon fourrage vert et des plus hâtifs. On le mêle encore à la vesce dans le semis de cette graine pour fourrage.

Ce qui a été dit de la moisson du blé, peut s'appliquer, sauf les modifications de quelques procédés, au seigle, à l'avoine et à l'orge. Lors du battage, il faut avoir soin de faire passer le blé le premier pour qu'il ne s'y mêle aucune des semences des autres céréales ; le seigle vient ensuite, puis l'orge, et enfin l'avoine, dont la semence souffre le moins, quant à son emploi, de la présence de quelques grains étrangers à son espèce.

La paille de ces diverses céréales est, sous le rapport de son produit moyen, de deux fois son poids en grain ; ses facultés nutrives sont dans l'ordre suivant : 1° avoine ; 2° blé ; 3° seigle ; 4° orge. La paille de seigle se vend pour faire des liens de gerbes, et encore pour certaines industries.

Du maïs. — Le maïs est une des plantes les plus importantes de la culture du département. Il offre de nombreuses ressources pour la nourriture des hommes et des animaux, soit par son grain, soit par sa tige. C'est une des plantes qui contiennent, après le blé, la plus grande somme de substances nutritives. Le grain est si apprécié, que bien des habitants de la campagne l'échangeraient pour du blé s'ils ne pouvaient s'en procurer autrement.

Il paraît se plaire sur presque tous les terrains, pourvu qu'ils soient bien ameublis et suffisamment fumés. Cette plante est plus robuste qu'on n'est disposé à le croire ; elle résiste à de fortes sécheresses, mais craint beaucoup le froid.

Le maïs se sème en lignes espacées de 80 centimèt.; le grain doit être peu enterré. On a l'habitude, dans le Périgord, de mettre trop de semence, ou de ne pas assez éclaircir. Les pieds trop rapprochés se nuisent réciproquement, et le terrain, déjà trop peu fertile pour une plante aussi épuisante, ne peut fournir à leur développement. Au reste, on a pu remarquer que les tiges munies de deux épis sont rarement très-voisines d'autres tiges. On donne plusieurs façons au maïs. Un sarclage, pour niveler le sol et l'ameublir aussitôt que le maïs est levé ; un buttage, lorsqu'il est parvenu à 65 centimètres d'élévation, et enfin un dernier binage si les mauvaises herbes l'envahissent. On doit l'éclaircir lors de la première façon, et choisir autant que possible, pour les conserver, les plants les plus vigoureux. Lorsque la plante a passé la floraison, on doit couper les pointes : les laisser trop longtemps, c'est perdre une végétation qui nuit au développement de l'épi. Ces pointes sont recherchées avec avidité par les bœufs, les vaches et même les chevaux. La tige du maïs contient un principe sucré, qui peut fournir, par la distillation ou la macération, certains produits dont nous n'avons pas à nous occuper ici. Mais ce qui est utile à dire, c'est que les tiges, qu'on laisse quelquefois trop longtemps dans les champs, peuvent être employées à la nourriture d'hiver des bêtes à cornes, en les coupant à morceaux de 8 à 10 centimètres, et les faisant macérer quelques heures dans une petite quantité d'eau. Le mélange d'un peu de son en fait un aliment précieux.

On sème encore le maïs pour fourrage ; dans notre pays, il serait facile, par ce moyen, de nourrir le bétail au vert presque tout l'été, en en semant une certaine étendue tous les mois, à partir du mois d'avril jusqu'au mois de juillet.

On cultive plusieurs variétés de maïs, dont les principales sont : 1° le maïs roux d'Espagne, le plus répandu dans notre culture, dont le poids, pour 100 épis, donne 12 litres de grains, du poids de 62 kil. par hectolitre ; 2° le maïs blanc, qui paraît mieux convenir aux terres humides et argileuses, d'un poids inférieur quoique plus productif que le précédent; 3° le maïs rouge, plus robuste que les précédents, aussi productif, mais d'un poids moindre; 4° le maïs quarantain ou millette, et le maïs à poulet, à petits grains, court sur tige. Le premier de cette dernière variété, dans toutes conditions favorables à sa culture, mûrit en quarante jours; le second met trois mois à parcourir toutes les phases de sa végétation. Il existe une foule de sous-variétés de ces variétés principales, qui probablement se trouvent fondues dans les premières.

Lors du premier binage, quand on éclaircit, on peut repiquer dans les manques en enlevant le plant en mottes, ou bien on remet un grain. Pour que celui-ci mûrisse en même temps que l'autre, il faut qu'il soit d'une variété hâtive.

On récolte le maïs de plusieurs manières : 1° en coupant la tige sur pied; 2° en la dépouillant sur place; 3° en arrachant la tige. Les circonstances peuvent déterminer le choix du moyen, qui n'a du reste que fort peu d'importance.

Pour conserver le maïs et l'empêcher de moisir en favorisant sa dessication, on peut avoir recours à plusieurs moyens : lors de la cueillette, on laisse aux épis trois ou quatre feuilles, et on les attache ainsi par paquets, qu'on suspend dans les greniers; ou bien encore on les attache deux à deux, et on les met à califourchon sur des barres. Ces moyens, qui obligent à un peu plus de travail, dispensent d'avoir un local approprié assez vaste, et favorisent la conservation du grain. Certains propriétaires ont de vastes cages où l'on place le maïs, qui se sèche ainsi sans avoir besoin de le remuer; d'autres font égrener le maïs avant de le rentrer dans les greniers, et sécher le grain au soleil ou au four. Le maïs préparé par ce dernier procédé, est destiné à être consommé par la famille, ou vendu immédiatement pour la mouture; car ses facultés germinatives sont très altérées.

Le maïs, par les nombreux services qu'on peut en at
tendre, est une plante précieuse pour l'agriculture, mais
qu'il faut cultiver avec une certaine prudence. Précisément parce que toutes ses parties sont substantielles, il
épuise beaucoup. Avec un système de culture aussi peu
réparateur que celui du Périgord, il nuit beaucoup au
produit du blé, et son rendement ne dépasse pas, en
moyenne, dix hectolitres de grain par hectare ; tandis
qu'en restreignant sa culture, et pouvant, par ce motif,
la mieux soigner, on pourrait arriver à vingt et peut-être
vingt-cinq hectolitres par hectare. Cela vaut bien la peine
qu'on y réfléchisse et qu'on mette un frein à cette envie
peu éclairée de cultiver de grandes étendues.

Le maïs est d'une grande importance comme plante
sarclée placée à la tête d'un assolement. Sa culture ne
doit pas être proscrite, comme le pensent quelques cultivateurs alarmés de l'épuisement qu'il occasionne ; au
contraire, elle doit être perfectionnée, car c'est sur elle
surtout que reposent principalement les espérances des
cultivateurs ; c'est le maïs qui favorise l'engraissement
des porcs, de la volaille, et le cours des marchés ne lui
est jamais, comparativement, aussi défavorable qu'aux
autres céréales.

Du sarrazin. — Le sarrazin est une plante précieuse
pour les terrains pauvres ; son grain a autant de qualités
que l'orge, et la volaille le recherche avec la même avidité que le maïs. C'est la meilleure plante pour engrais
végétal. Cinquante jours, à dater de la semaille, lui suffisent pour venir à grain ; il craint excessivement le froid.
Cette plante a l'avantage de pouvoir, par la promptitude de sa croissance, remplacer un fourrage qui aurait
manqué.

On sème le sarrazin au plus tôt vers la fin de mai,

quand on veut le faucher en vert ou qu'on veut le laisser
venir à grain ; si on veut l'enterrer, pour engrais végétal, sous une céréale d'automne, on sème vers la fin de
juillet. Quand il est en fleur, on l'enterre à la charrue
par un seul labour, on sème la céréale par-dessus, et on
recouvre à la herse.

La quantité de semence ne doit pas dépasser un hectolitre par hectare. Le sarrazin redoute beaucoup d'être
semé trop épais. Il est même utile de diminuer cette
quantité, lorsqu'on sème pour la graine. On doit recouvrir la semence de 4 centim. environ.

Pour récolter le sarrazin, on doit saisir le moment où
la plus grande partie de ses graines sont mûres. Si on
attendait que toutes le fussent, on s'exposerait à en perdre beaucoup par l'égrenage. Les tiges sont longues à
sécher, aussi faut-il dépiquer avant la dessication complète.

Selon les circonstances qui ont pesé sur la végétation
de cette plante, son produit est considérable ou presque
nul ; son rendement moyen est de 20 hectolitres par hectare dans un terrain un peu fertile et qui a été bien ameubli, qualité essentielle pour la réussite du sarrazin. Il
faut éviter de donner la paille de sarrazin aux moutons :
elle leur cause une maladie qui a pour caractère l'enflûre
de la tête.

PLANTES LÉGUMINEUSES.

De la fève. — L'usage de la fève est, en général, dans
le pays, borné à la consommation du ménage ; cependant,
sa culture pourrait donner des produits considérables
comme nourriture des animaux. La fève est riche en
substances nutritives. Quoique exposée à l'action des
brouillards, si fréquents dans le département, elle donne
cependant en général des produits assez considérables.

La fève vient préférablement sur les sols argileux un peu humides, et dans les terres argilo-calcaires ; c'est une excellente préparation pour une récolte en froment, pourvu cependant qu'elle ait été semée en ligne comme le maïs, et convenablement nettoyée des plantes nuisibles : elle laisse le sol libre plutôt que les autres plantes sarclées, et facilite ainsi les moyens de semer du sarrazin pour engrais vert, ou bien de mieux travailler la terre destinée au froment.

On cultive plusieurs variétés de fèves : 1° la féverolle, petite fève ronde, excellente pour la nourriture des chevaux et autres animaux ; 2° la fève de marais, plus grosse, moins rustique que la précédente ; 5° une autre variété, plus grosse encore que la fève de marais, mais qu'on ne cultive guère que dans les jardins ; 4° la fève verte, la violette, la fève julienne et la fève à longue cosse.

On sème les fèves en ligne pour faciliter le passage des instruments qui nettoient le sol ; cette méthode, jugée comparativement avec le semis à la volée, a donné un résultat supérieur quant au produit, et la plante a mieux résisté au brouillard que celle semée à la volée. Après le semis, on passe la herse, pour faciliter la levée des fèves en ameublissant la surface.

La quantité de semence varie selon l'espacement et la grosseur du grain. Pour le semis à la volée, si la fève est destinée à être coupée en vert pour fourrage, ou bien à être enterrée pour engrais vert, on sème deux à trois hectolitres par hectare ; l'époque la plus favorable est au mois d'octobre.

Le produit d'une récolte moyenne de fèves, sur un terrain qui convient à cette plante, et en ligne, varie de 20 à 25 hectolitres par hectare.

Des pois. — On cultive les pois en grande culture.

pour la nourriture des hommes et des animaux. Le nombre des variétés de pois, pour la grande culture, est fort restreint; il se réduit à trois : 1º le pois gris, hâtif, que l'on sème en mars; 2º le pois gris, tardif, qu'on peut semer fin avril ou en mai; 3º le pois gris d'hiver, que l'on sème en automne, et qui fournit un très-bon fourrage. Tous ces pois peuvent être fauchés en vert pour fourrage, ou récoltés en grains pour la mouture, ou bien encore pour l'engraissement et l'élève des moutons.

Des haricots. — De toutes les plantes farineuses, les haricots sont une des plus utiles à la nourriture de l'homme. Nous nous occuperons ici seulement des haricots nains, laissant ceux à rames pour être étudiés à l'article *jardin*.

Un sol léger, substantiel et frais, convient particulièrement aux haricots pour germer, et la chaleur devient indispensable pour favoriser leur rapide croissance. Quelle que soit la nature du terrain, pourvu qu'il soit frais, bien ameubli et convenablement fumé, le haricot réussira très-bien; on en sème dans le pays, entre les pieds de maïs, qui réussissent parfaitement.

Le haricot se sème en mai; on recouvre très-peu la semence, car elle serait exposée à pourrir; il faut les biner presque aussitôt après qu'ils sont sortis de terre : un et même deux sarclages leur sont utiles pour tenir le terrain bien nettoyé des plantes nuisibles. Le haricot est une excellente culture préparatoire pour le blé.

On cultive plusieurs variétés de haricots, dont les principales sont : 1º le haricot rond, blanc commun; c'est un des plus rustiques et des plus productifs; 2º le haricot soisson nain; il est fort bon et hâtif; 3º le haricot nain blanc, très-productif et d'excellente qualité en vert et en sec; 4º le haricot rouge à grains petits, légèrement aplatis, très-bons; 5° le haricot gris, très-cultivé; 6° le haricot ventre-de-biche, très-bon sec; 7° le haricot noir, très-bon en vert.

Toutes ces variétés sont cultivées dans le pays en plein champ; un peu plus d'attention dans le choix de la semence, de soins dans la culture, peuvent donner de grands produits; dans une situation convenable, la récolte des haricots peut produire jusqu'à 55 et 40 hectolitres par hectare. On a remarqué que les haricots venus sur un sol calcaire, sont moins cuisants que ceux qui ont été récoltés dans un sol sableux.

Des lentilles — On cultive la lentille comme récolte en graine et comme récolte fourragère; sous ce dernier usage, c'est, de tous les fourrages, le plus nourrissant; on ne doit même le donner aux animaux qu'avec modération; c'est ordinairement aux béliers qu'on réserve cette nourriture.

On cultive, dans la grande culture, deux espèces de lentilles, la grande et la petite ou le lentillon. C'est cette dernière qu'on emploie ordinairement pour fourrage : son grain est plus coloré et plus bombé que celui de la grande lentille; on le dit aussi plus délicat au goût.

La lentille craint plus l'humidité que la chaleur; aussi vient-elle plus facilement sur les sols sableux, bien fumés, quoique de médiocre qualité; on la sème comme les pois et les haricots, en ligne, avec la houe à main, ou par touffes; à la volée, pour fourrage, à raison de 150 litres par hectare. La seule culture qu'exige la lentille, consiste en un ou deux sarclages.

Le semis se fait vers le commencement de mai. On connaît la maturité de la lentille lorsque ses gousses prennent une teinte rouge; on les arrache et on les laisse sécher par petites bottes. La paille de la lentille battue est considérée comme au moins égale en qualité au meilleur foin.

Du pois chiche. — Le pois chiche, qui vient très-bien dans les terres à maïs du département, mériterait une culture plus développée. Son grain, très-estimé pour les potages ou purées, est très-recherché, et la tige forme un excellent fourrage. On le cultive comme la lentille.

De la gesse. — La gesse est cultivée par les métayers pour les besoins du ménage : c'est leur principal aliment comme légume sec. La gesse a un excellent goût, mais elle est rarement facile à réduire en pâte par la cuisson. On la cultive comme les précédentes.

PLANTES FOURRAGÈRES.

Sans le secours des fourrages, il n'y a pas d'agriculture possible ; de la quantité produite dépend le succès de l'industrie agricole. La culture fourragère, trop limitée dans notre département, pourrait arriver à des résultats dont il est impossible de calculer la portée, si on mettait quelques soins et quelques avances à son introduction sur une plus vaste échelle.

Les plantes fourragères seront divisées : 1° en prairies artificielles ; 2° en prairies naturelles ; 3° en fourrages annuels fauchés en vert ; 4° en culture des racines ou tubercules.

Prairies artificielles. — Elles sont formées sur des terres disposées à l'avance par leurs propriétés naturelles ou par des préparations qui facilitent la croissance de certaines plantes bisannuelles ou vivaces ; les principales sont :

1° La luzerne, le plus productif de tous les fourrages, demande un sol riche, meuble, profond et ne retenant pas trop l'humidité, même dans le sous-sol; ces
conditions sont essentielles pour une longue durée. Les
sols calcaires ou graveleux défoncés et convenablement
amendés, conviennent très-bien à la luzerne. Ses racines
s'enfoncent à plusieurs décimètres de profondeur et s'in-
sinuent dans les interstices d'un sous-sol peu compacte.
Si elle rencontre un sous-sol de mauvaise qualité, non-
seulement elle cesse de croître, mais encore elle dépérit.
C'est ce qui explique son peu de durée dans certaines
terres. Dans un sol qui lui convient, la luzerne peut
durer vingt ans; mais sa durée moyenne est de sept à
huit années.

Il est peu de métairies où il ne soit possible d'établir
une bonne luzernière : alors même qu'il faudrait créer
le terrain par des réparations, le produit de cette plante
précieuse paierait largement les avances; dût-on lui
consacrer la meilleure portion de terre, on ne devrait
pas hésiter. La luzerne donne ordinairement trois coupes, quelquefois quatre; son fourrage sec est d'excellente
qualité. Lorsqu'on peut, par la nature du sol, créer des
luzernières d'une étendue égale au cinquième de l'étendue des terres labourables, on peut être certain que la
propriété arrivera, avec une direction intelligente, à un
très-haut degré de fertilité; du moment qu'on obtient la
ressource la plus utile pour progresser, il faudrait être
bien peu habile pour ne pas réussir. Nous le répétons,
pour si petite que soit l'étendue destinée à la luzerne, il
ne faut pas hésiter à l'introduire; la réussite de cette
plante est le grenier d'abondance d'une exploitation.

La luzerne se sème sur une céréale ou bien sur un terrain bien préparé par un labour d'hiver, seule ou avec
de l'orge ou de l'avoine. Il est indispensable que le sol

soit bien émotté : la graine de cette plante est si petite,
qu'il est impossible qu'elle puisse lever sous des mottes,
ou que la semence puisse se répartir également. Quand
on sème dans une céréale d'hiver, on peut passer la herse,
si le sol est trop battu ; le rouleau, s'il est soulevé. Quelquefois on la laisse comme on la jette ; s'il pleut après le
semis, elle est suffisamment enterrée. Le meilleur procédé de semis consiste à semer, dans le courant d'avril,
de l'avoine sur le sol bien préparé, d'émotter ensuite le
plus parfaitement possible. On répand, après, la semence
de luzerne, à raison de 25 kilogrammes par hectare, et
on passe par-dessus un fagot d'épines, pour la recouvrir
aussi peu que possible. L'avoine protége la luzerne par
sa plus rapide croissance, et lorsque la première arrive à
sa floraison, on fauche le tout pour fourrage vert ou pour
faire sécher. Pour que le semis réussisse bien, il est indispensable que la graine soit de bonne qualité et que le
sol soit bien nettoyé des plantes nuisibles. Quand la luzerne est bien établie, on ne doit pas craindre de pratiquer
au printemps un hersage énergique qui arrache les mauvaises herbes et donne un binage favorable à la plante.
Il faut aussi, dans les sols pierreux, enlever les pierres
trop grosses qui gênent le passage de la faux.

2° *Le sainfoin* ou *esparcette* est de tous les fourrages
cultivés en grand, le plus sain, le plus substantiel, soit
en vert, soit en sec. Cette plante peut devenir, dans le
département, la ressource fourragère la plus importante ;
elle réussit très-bien sur les terres calcaires, d'une fertilité même au-dessous de la moyenne, pourvu que ses racines puissent s'insinuer dans les fissures du rocher ; elle
n'exige pas une couche arable très-profonde ; elle réussit
peu dans les sols sableux, pas du tout dans les sols humides.

Le sainfoin ne se fauche qu'une fois, bien qu'on annonce dans le commerce une variété à deux coupes, qui existe réellement, mais qui, dans les sols mêmes très-fertiles, dégénère dès la seconde année, et ne donne, la première, qu'une seconde coupe très-faible de produit. Cette variété coûte plus du double que celle du sainfoin à une coupe. C'est probablement à son prix élevé qu'il faut attribuer l'exiguïté de sa culture.

La durée moyenne du sainfoin est de cinq à six ans, selon que le sol lui convient; on peut donc créer une prairie artificielle qui n'oblige à aucun autre soin que de ramasser la récolte. Son produit peut considérablement s'augmenter par quelques fumures en couverture.

La qualité de la graine influe beaucoup, comme on le pense, sur la réussite de l'esparcette; il faut donc apporter le plus grand soin au choix de la semence. Dans le commerce, on vend de la graine qui n'est pas suffisamment mûre, parce que la graine placée sur la tige le plus près de terre, étant plutôt faite que l'autre, se détache et tombe. Pour éviter cette perte, ceux qui cultivent cette plante pour sa graine, la fauchent avant que la maturité soit convenable, et livrent cette graine au commerce à un prix moins élevé que la bonne. Il est facile de reconnaître la bonne qualité à la simple inspection : les graines qui ne sont pas mûres sont verdâtres et plus petites que les autres, qui sont d'un roux brun et plus grosses. Pour s'assurer encore que le grain n'est pas avorté, on en prend une poignée, qu'on serre dans la main; on secoue cette poignée près de l'oreille : si le son produit par le contact de la graine contre son écorce est mat et plein, on peut augurer que la semence est bonne.

Le sainfoin se sème avec le blé d'hiver ou l'avoine et l'orge de printemps. Quand on sème à la charrue, on répand la semence par-dessus le labour qui a enterré le blé, et on recouvre par l'émottage. Quand l'hiver n'est pas trop rigoureux, le semis d'automne est préférable à celui de printemps, là surtout où on ne fait que des céréales d'hiver. On sème environ cinq hectolitres par hectare.

Le sainfoin est le meilleur de tous les fourrages en vert; il n'a, pour les animaux, aucun des inconvénients de la luzerne et du trèfle.

5° *Du trèfle rouge de Hollande.* C'est la plante fourragère la plus connue et la plus généralement cultivée comme prairie artificielle. Le trèfle se plaît de préférence sur le sol silico-argileux (boulbènes). Dans les terres fortes, il réussit plus difficilement; mais cette barrière franchie, il donne des produits très-considérables. En général, tous les terrains substantiels conviennent à cette plante.

On la cultive comme la luzerne; sa graine est de couleur variée, du jaune au violet foncé. C'est ce qui la distingue de la luzerne, qui est jaune et un peu plus grosse.

On sème le trèfle en balle ou en graine. De la première manière, il peut se semer l'hiver, et même il réussit mieux. Quand on le sème dans une céréale et dans un sol fertile, il est bon de retarder jusqu'à fin avril, pour qu'il ne devienne pas une cause d'altération du produit de la paille et du grain de la céréale, en prenant un accroissement trop rapide.

Le trèfle se fauche deux fois. Dans quelques contrées, la seconde coupe est destinée à produire de la graine, qu'on vend au commerce ou aux particuliers. Pour l'obtenir du trèfle sec, on le livre au battage, comme les autres plantes granifères.

La place du trèfle, dans les assolements, est à la suite de la céréale qui succède à une jachère ou à une plante sarclée. Par le jeu de ses racines dans le sol qu'elle divise, de ses feuilles qui le fertilisent, et de son développement qui étouffe les mauvaises herbes, le trèfle, comme les autres, et plus que les autres plantes fourragères, concourt à la fertilisation des terres qui le produisent. Toutes ces qualités lui donnent une importance qui devrait engager les cultivateurs à augmenter beaucoup les proportions de sa culture.

4° *La lupuline, trèfle jaune,* ou *minette dorée,* réussit mieux que le trèfle de Hollande, dans les terrains médiocres et secs; c'est un très-bon fourrage, qui peut être d'un très-utile secours sur les terres pauvres. Dans ce cas, il peut servir à établir de bons pâturages, s'il est trop court pour être fauché. La manière de le semer et les soins qu'il exige, sont les mêmes que pour le trèfle; on sème de chacun 15 à 20 kilog. par hectare. La lupuline ne se fauche guère qu'une fois; on fait pâturer la seconde pousse.

5° *Le trèfle blanc* se rencontre dans presque toutes les prairies sèches ou pâturages; selon le degré de fertilité du sol, il est très-vivace ou presque pas apparent. Si on fume avec des engrais, de la cendre et même du plâtre, il prend des dimensions si considérables, que bien des cultivateurs croient que les engrais en ont apporté la semence, alors qu'ils n'ont servi qu'à favoriser son développement : on l'associe généralement à des graminées appropriées à la nature du sol, pour former des pâturages et des prairies; on peut encore l'employer seul dans le premier cas, et alors on sème de 8 à 9 kilog. de graine par hectare.

Fenaison des plantes formant les prairies artificielles.

On coupe ces fourrages au moment où les fleurs sont bien formées, attendu que plus tard ce serait amoindrir la qualité du fourrage; faucher trop tôt, serait le diminuer. La luzerne, qui doit fournir plusieurs coupes, doit être fauchée, la première fois, avant la floraison ; on l'attend pour la seconde coupe.

La dessication de ces plantes, pour les convertir en foin, exige un autre procédé de fenaison que celles des prairies naturelles. Celles-ci se pelotonnent entre elles et ne perdent rien à être secouées ; tandis que la luzerne, le sainfoin et les diverses variétés de trèfle, lorsqu'elles sont trop brusquement agitées, laissent échapper leurs feuilles, qui sont la partie la plus nourrissante de la plante, La méthode suivante nous a toujours parfaitement réussi ;

Lorsqu'on fauche ces fourrages, on laisse les rangs ou andains intacts le premier jour ; le second, on les retourne une fois ; le troisième, on les replace sur le premier côté, Le soir de ce dernier jour, on entasse par meulons de 25 kilogrammes à peu près, et autant en pyramide que possible. On peut les laisser ainsi jusqu'au moment de les charger. Les plus fortes pluies ne peuvent les endommager. Ce procédé a l'avantage de demander un moins grand nombre de bras que celui dont on se sert dans le pays. S'il pleut, le fourrage est moins avarié que s'il avait été éparpillé ; les feuilles se détachent plus difficilement de la plante, qui conserve encore une plus belle couleur, la rosée et le soleil n'ayant pu avoir sur elle une action bien directe. Si le temps est peu favorable, cette préparation demande peut-être un ou deux jours de plus ; mais le fourrage s'avarie moins que s'il était dispersé. Il est incontestable que la méthode du pays prépare la dessication plus rapidement, puisque la plante est exposée au soleil sur un plus grand nombre de surfaces ; mais aussi, si la pluie survient, elle l'avarie beaucoup plus, et le côté le plus intéressant de la question, la feuille, demeure en grande partie sur le sol : on ne rentre plus alors que des tiges dont les qualités nutritives sont considérablement amoindries.

Il est indispensable que les meulons soient faits d'une manière régulière qui leur donne plus de résistance contre le vent. Si le troisième jour on s'apercevait que le foin ainsi préparé n'est pas complétement sec, on pourrait le laisser encore un jour, en mettant cinq à six meulons en un seul. La fermentation qui se produit sur ce fourrage, le dessèche presque autant que la chaleur extérieure ; il faudrait pourtant bien se garder de le rentrer encore vert, car il pourrait s'échauffer et moisir, peut-être même prendre feu. Ces accidents sont impossibles en traitant la fenaison des prairies artificielles ainsi qu'il vient d'être dit.

Prairies naturelles.

La pénurie des fourrages fait qu'on conserve les prés trop vieux, alors qu'il serait plus avantageux de les renouveler, soit pour changer les plantes, soit pour donner une nouvelle vigueur de production au sol, soit encore parce qu'on pourrait en tirer pendant trois, quatre, cinq et même six ans des récoltes abondantes, et les rétablir dans de meilleures conditions.

Le peu de vogue des prairies artificielles dans notre pays engage à beaucoup de sacrifices pour les prés. Les herbages naturels ont du reste le très-grand avantage de donner d'une manière permanente des foins plus nourrissants que les fourrages artificiels ; leur mérite ne peut être contesté que sous le rapport des faibles produits qu'ils fournissent comparativement à la valeur foncière de cette portion de la propriété.

Lorsqu'on veut former un pré d'une terre, ou bien remettre en pré un sol de cette nature, qui ayant été défriché doit être reconstitué, il faut avoir bien préparé la terre par de bons labours, des fumures et un nivelle-

ment aussi exact que possible. On sème la graine des
plantes qu'on destine à la formation de ce pré dans de
l'avoine de printemps, qu'on fauche en vert ou qu'on
laisse mûrir si le sol est assez fertile. Il faut rester au
moins deux ans sans laisser pâturer ce pré, en temps
humide, par le gros bétail, et toujours en défendre l'entrée aux moutons qui, tondant très-bas, feraient périr le
gazon trop peu enraciné encore. Il est très-important de
détruire les taupinières aussitôt que possible, afin de
conserver au pré une surface unie. Pour enterrer les
graines destinées à former un pré et semées sur l'avoine,
on passe un rouleau qui tasse la terre et l'aplanit. On
peut remplacer l'avoine par du ray-gray ou du fromen-
tal, qui s'élèvent autant qu'elle, et qui étant plus hâtifs
que les autres graminées, peuvent leur servir d'abri.

Il est impossible de déterminer les variétés de graines
qui composent les prés. Cela nous conduirait au-delà des
limites de cet ouvrage. Nous indiquerons les principales :

La flouve odorante, malgré ses petites dimensions,
donne une odeur aromatique très-recherchée des bestiaux. Elle croît dans des natures de sol très-différentes.

Le vulpin des prés, abondant en quantité et précieux
de qualité, très-précoce, aime les sols humides mais non
marécageux.

La fléole des prés donne des produits abondants dans
les sols humides et quelle que soit leur nature.

Les agrostis fournissent un fourrage fin et délicat ; ils
sont vulgairement connus sous le nom de *traîne, traî-
nasse*. Ils réussissent dans les sols de qualité médiocre.

La houque laineuse est de toutes les graminées, celle
qu'on rencontre le plus souvent dans nos prairies des
vallons.

Les diverses variétés d'avoine sauvage, qui réussissent dans presque tous les terrains.

La fétuque des prés; c'est une des meilleures plantes que l'on puisse employer dans les prés bas ou fauchés tardivement.

Le pâturin des prés, très-hâtif, se dessèche très-facilement, et peut être employé avec des plantes ayant cette faculté; alors il donne un foin d'excellente qualité.

Le brôme des prés acquiert de grandes dimensions. Ses tiges sont dures. Dans les terrains secs, employé seul, il peut rendre d'utiles services.

Le dactyle pelotonné présente les mêmes inconvénients et participe des mêmes avantages que les brômes.

L'ivraie ou ray-gray. Cette plante, qui a été très-vantée, peut servir à l'établissement de prairies artificielles; mais comme prairie permanente, ses qualités sont très-douteuses.

Les trèfles. Lorsqu'on associe les trèfles rouge, jaune ou blanc aux granures des prairies, il est important de ne jeter ces dernières graines que lorsque les trèfles ont déjà été fauchés ou pâturés; leur réussite est plus certaine, car le développement des trèfles, la première année, nuirait à celui des autres graminées.

Comme il est difficile, en général, de se procurer des graines particulièrement propres à la nature du sol dont on veut faire un pré, soit par la cueillette, soit en les achetant au commerce, on a recours, le plus souvent, aux graines tombées du foin dans les greniers. Ce procédé a l'avantage de produire des semences acclimatées ou propres au sol à mettre en pré, et de n'occasionner que quelques frais de main-d'œuvre. Pour que cette opération ait toute l'efficacité désirable, il faut préparer la graine de la manière suivante :

1° Assembler les balayures des greniers à foin, et enlever les portions de tiges les plus volumineuses avec une fourche; 2° passer, à travers un crible un peu clair,

les parties les plus fines qui restent après la première opération; 5° repasser, avec un crible plus fin que le premier, ce qui aura passé au travers de celui-ci; 4° répéter cette dernière opération, s'il reste encore des débris de feuilles ou de tiges. Ce procédé a pour but de connaître la quantité de graine obtenue, et de donner la facilité de mieux la répandre sur le champ. On comprend aisément que lorsqu'on porte les balayures des greniers à foin sur le sol, il peut arriver que les graines soient réunies dans certaines portions, et que par ce moyen on sème quelques débris de plantes dans certains endroits avec peu de graine, tandis que sur d'autres parties on répandra une trop grande quantité de celle-ci; que lorsque la semence lèvera, ces mêmes portions se trouveront trop ou trop peu garnies. La méthode qui vient d'être indiquée évitera cet inconvénient. La quantité de graine à semer par hectare, varie selon la grosseur des graines; la moyenne à employer par hectare est de 20 kilog. de graine bien nettoyée. Il est utile de fumer, autant qu'on le peut, les nouvelles prairies en couverture. Lorsque les plantes ont bien pris racine, on peut y passer quelquefois les moutons, qui tassent le gazon et le fument, sans cependant les y laisser trop séjourner; mais la première ou la seconde année, on ne doit pas les y conduire : il faut agir de même pour les chevaux, qui rasent trop près.

Irrigations des prés.

Il y a un immense avantage à irriguer à certaines saisons toutes les cultures; c'est un puissant moyen d'augmenter leurs produits. Dans notre département, on n'arrose guère que les prés, et encore ce procédé est-il fort négligé.

On peut arroser de plusieurs manières : 1° en distribuant avec méthode l'eau dont le cours naturel s'échappe par les issues qu'on lui trace; 2° par des moyens artificiels, lorsque la sole du pré est au-dessus du niveau des eaux dont on dispose. A cet effet, on se sert de roues hydrauliques mues par le courant lui-même, ou bien encore de roues à godets ou norias, au moyen d'un manége mis en mouvement par la force de l'homme ou des animaux. L'importance des résultats obtenus par l'irrigation, devrait engager les cultivateurs à ne rien négliger pour les établir.

Par quelque moyen que ce soit, les eaux, pour être utilement distribuées, doivent arriver par le point le plus élevé de la surface à arroser; des rigoles maîtresses conduisent les eaux le long de la prairie : au moyen de petites vannes en bois ou seulement de pierres, on établit un barrage dans le cours de la rigole, pour faire refluer l'eau dans d'autres petites rigoles, qui distribuent les eaux sur la surface du pré. Lorsque le courant est rapide, ces petites rigoles devront être tracées en sens oblique opposé au courant; les irrigations et les voies employées pour les pratiquer, doivent pouvoir cesser quand on veut, et les eaux ne point séjourner sur le sol. Il ne faut pas mettre l'eau dans les prés lorsqu'il gèle ou qu'il fait trop chaud; quand on les arrose au commencement du printemps, il faut avoir soin de retirer l'eau assez tôt, pour que le sol ait eu le temps de se ressuyer avant le froid, qui augmente à la chute du jour. Dans l'été, il faut agir à l'opposé, c'est-à-dire arroser au moment où la chaleur n'est pas assez vive pour favoriser une évaporation trop rapide, qui brûlerait la plante. Il est indispensable d'apporter le plus grand soin à observer la température quand on arrose; les inconvénients qui pourraient résulter de l'emploi inintelligent de cette méthode, seraient plus graves que la privation de l'arrosement. Les rigoles doivent être pratiquées de telle sorte, que les eaux puissent être conduites sur toute la surface et sur le point le plus élevé, de manière que l'eau qui est en excès puisse s'égoutter dans les fossés d'écoulement. On doit cesser l'irrigation aussitôt que l'épi sort de la gaîne de la plante, vers le milieu de mai; un arrosement trop prolongé ferait pourrir la plante au pied, et nuirait à sa maturité. Quand un pré soumis à l'irrigation a été fauché, il faut nettoyer les rigoles, pour les rendre propres d'abord à continuer l'irrigation, et pour éviter plus tard une réparation plus coûteuse.

La fauchaison et la fenaison des prairies naturelles sont trop connues, pour qu'il soit besoin d'en parler; nous ferons observer seulement que les métayers devraient organiser le fauchage de manière à n'avoir pas sur terre une trop grande quantité de foin, que l'exiguité de leurs ressources en main-d'œuvre ne leur permet pas de soigner convenablement, et qui demeure exposée à tous les hasards du changement de temps.

La conversion d'un pré en terre arable, et plus tard la reconstitution de celle-ci en pré, mérite une étude très-sérieuse. Lorsqu'on se décide à rompre un pré, on doit, au préalable, avoir créé des fourrages qui remplaceront le foin qu'il fournissait, et avoir la certitude de pouvoir traiter convenablement le sol défriché pour lui conserver sa fertilité, ou même lui en ajouter, s'il n'était pas suffisamment fertile.

Procédé de culture pour défricher un vieux pré.

1° Sur un terrain dont on veut augmenter la fertilité. — La première année, sur le défrichement, de l'avoine de printemps; sur le chaume d'avoine, on fait deux labours d'été pour nettoyer le sol des mauvaises herbes.

Au printemps, on plante des pommes de terre aussi fortement fumées que possible. Plusieurs binages pour détruire les plantes nuisibles, sont indispensables. La troisième année et au printemps, sur le labour à gros billons donné à l'automne, on sème en avril de l'orge, et lorsque la semence a levé, on répand les graines de prés : il est utile que le sol soit labouré à plat pour faire ces semis. Le labour d'automne à gros billons permet aux terres de bien s'égoutter, et il est plus facile de les labourer de bonne heure au printemps; deux façons sont utiles à cette saison. Pour faire le semis des graines de foin, il faut, autant que possible, chercher un temps humide, qui facilite une plus prompte germination.

2° *Sur un pré humide et dont le sol est fertile.* — Si on ne rompt le pré que pour en tirer une plus abondante récolte, ou bien encore pour renouveler ou changer la nature du gazon, on doit défricher ce pré en le labourant aussi régulièrement que possible, et ayant soin de détourner les eaux qui viendraient des pièces voisines; cette opération doit se faire avant l'hiver. Au printemps, on répand de la semence d'avoine, qu'on enterre avec des petites houes à main ou sarclettes; à l'automne qui suit la récolte d'avoine, on donne un labour croisé, pour ne pas remettre à l'air les gazons qui n'auraient pas été désagrégés; s'il est possible, un ou deux mois après, un second labour à gros billons. Au printemps suivant, on exécute un autre labour à plat, on passe la herse et le rouleau pour écraser les mottes, et on sème du maïs. Après cette récolte, un labour à billons avant l'hiver, et au printemps on sème de l'orge pour un labour à plat, ainsi que pour la première nature de pré.

On pourrait encore, sur ce dernier défrichement, obtenir, sans danger pour la fertilité du sol, deux autres récoltes abondantes, si on n'était pas pressé de refaire

le pré ; ainsi, à la quatrième année, on pourrait semer
des fèves en ligne ; la cinquième, une récolte de blé avec
graine de foin au printemps. On doit avoir en vue que
pour refaire un pré avec avantage, il faut avoir tenu le
sol bien net de mauvaises herbes ; leur présence nuirait
au développement des semences qu'on veut introduire,
et modifierait la qualité du foin, peut-être même sa quantité.

Il est peut-être utile de placer ici une observation sur
le goût de quelques cultivateurs, qui défrichent des prés
ou des pâturages sans s'inquiéter des suites de cette
opération. Défricher un sol qui produit quelque chose,
sans avoir la certitude de lui faire rapporter plus par la
culture, est une faute. Une récolte qui dépasse une année le produit de cette terre défrichée, n'est pas une
justification suffisante de ce procédé blâmable. Ceci s'applique surtout aux bois, qu'on défriche avec trop de facilité, et qui, après une ou deux récoltes un peu supérieures en produits à celle que le sol fournissait, sont dé-
laissés plus tard et viennent augmenter le chiffre déjà
trop considérable des terres incultes.

DES PÂTURAGES.

Les pâturages sont des terres qui produisent des végétaux récoltés par la dent des animaux. Dans notre
pays, les pâturages sont maigres et consistent en production d'herbe que la faux ne peut atteindre. C'est surtout dans les bois, les bruyères, qu'on fait pâturer le
bétail. Il existe aussi des terres incultes qui fournissent
quelques rares végétaux à fleur de sol, et que les moutons seuls peuvent s'approprier.

Il y a dans le département une quantité considérable de terres peu productives par la culture, et qu'il

pourrait être avantageux de convertir en pâturages. Ce serait le moyen de fertiliser, à la longue il est vrai, des terres qu'on travaille péniblement et qui donnent un très-faible produit. On peut, sans de grands frais, ramasser, au moment où elles mûrissent, des graines de plantes diverses qui viennent dans les bois, les chemins et même dans les champs, et les jeter sur les terres au moment où elles sont ensemencées en blé, avoine ou seigle ; on peut encore y ajouter des graines de trèfle blanc et jaune. Lorsque la récolte est enlevée, on laisse pour servir au pâturage ces terres ainsi enherbées, pendant trois, quatre ou cinq ans, après quoi on les travaille pour en avoir une autre récolte qui sera sans doute plus productive, puisque la terre n'aura pas été épuisée par les cultures qu'on lui faisait supporter trop souvent. De plus, pour peu que le pâturage soit abondant, la présence souvent répétée du bétail sur les terres fertilise celles-ci de tout le fumier que les animaux y laissent. On voit fréquemment donner deux, trois et quatre labours, sarcler et semer 1 hectolitre de semence sur un sol qui en produit à peine 5 chaque deux ans, et encore avec le secours d'un peu de fumier. Ne serait-il pas préférable de laisser ces terres à la production du pâturage pendant quelques années, que de les cultiver d'une manière si coûteuse, et de donner tous les soins et tout le fumier aux terres qui pourraient fournir d'abondantes récoltes? Il faut encore le répéter ici, les cultivateurs périgourdins ont la manie de cultiver de grandes étendues. Cette manière d'exploiter leur demande plus de temps, plus de frais, et produit beaucoup moins.

Le Périgord pourrait tirer un excellent parti de ces terres peu productives, par le pâturage convenablement établi. Lorsqu'on n'a pas les ressources suffisantes pour améliorer son fonds avec des avances, on peut bien le faire en diminuant les dépenses inutiles. Or, travailler un sol qui coûte plus qu'il ne produit, est une dépense inutile. Il faut donc l'abandonner à sa production naturelle jusqu'au moment où on pourra aider à la rendre plus profitable. Pour arriver à ce résultat par le pâturage, il serait utile de traiter la culture comme pour les prairies artificielles, c'est-à-dire placer le semis des plantes destinées à former un pâturage, sur la récolte qui suit la fumure, et le laisser en permanence ; la durée sera relative à son produit et au besoin de la culture. Nous appelons l'attention des cultivateurs sur cette question importante. Ce procédé, employé convenablement, peut apporter le bien-être, là où la gêne est inévitable.

DES FOURRAGES ANNUELS.

Les végétaux herbacés qui ne durent qu'un an sur le sol, servent à remplacer les fourrages vivaces lorsque ceux-ci manquent par une cause quelconque, ou à concourir avec eux à nourrir le bétail ; ils peuvent encore servir à remplacer la jachère ou à l'utiliser. Les plantes qu'on cultive le plus généralement comme fourrages annuels, sont :

Le trèfle incarnat ou *farouch*. — Ce fourrage est très-cultivé dans le département et y réussit généralement bien. Chaque métayer a sa provision de grain en balle, qu'il sème vers la fin d'août ou au commencement de septembre. Il y a deux variétés de farouch : le hâtif et le tardif. Le premier fournit un fourrage bon à couper dans les premiers jours de mai ; le second vient une quizaine de jours plus tard. Ces deux variétés donnent un excellent fourrage vert et très-sain. Lorsqu'il est récolté sec, le farouch est de médiocre qualité comme substance alimentaire.

Il faut commencer à donner ce fourrage avant que les fleurs ne soient tout à fait épanouies, pour ne pas courir le risque de le conserver jusqu'au moment où il serait trop dur.

Le trèfle incarnat se sème seul (il nous a toujours bien réussi dans le maïs pour fourrage); il aime un sol ferme et à être peu enterré. On peut le semer avec la herse sur les chaumes, ou par un labour très-superficiel. La quantité de semence à répandre par hectare est de 25 kil., ou son équivalent en balle. Cette dernière méthode de semis réussit mieux pour tous les trèfles semés avant l'hiver, probablement à cause de l'humidité que conserve l'enveloppe et qui facilite sa germination.

La vesce. — De toutes les plantes herbacées, la vesce est celle qui contient la plus grande somme de substances alimentaires, et d'autant plus qu'on la coupe au moment où ses gousses sont plus pleines. Ce fourrage est aussi celui qui coûte le plus à produire, à cause du travail qu'il nécessite et du prix de sa graine, qui est fort chère. La vesce craint beaucoup le froid; aussi est-il urgent de la semer de bonne heure, pour que la plante, déjà un peu forte, puisse mieux résister aux gelées, au plus tard en septembre.

On sème la vesce à raison de 250 litres par hectare, seule ou mêlée avec de l'orge, du blé ou de l'avoine, qui soutiennent sa tige et l'empêchent de se coucher; dans ce cas, la quantité de semence diminue de celle de la céréale, dont la proportion la plus convenable doit être d'un cinquième.

La jarosse. — Plus rustique et plus abondante que la vesce, la jarosse vient sur un sol moins fertile. C'est un excellent fourrage, soit vert, soit sec. Sa graine forme une excellente nourriture pour l'engraissement des moutons. Elle convient surtout aux chevaux, qui en sont fort avides. Son rendement, comme fourrage, est supérieur à celui de la vesce.

La jarosse doit être semée de très-bonne heure pour bien réussir; on ne doit pas dépasser le 15 septembre, si c'est possible. La quantité de graines, le mélange avec les céréales, sont les mêmes que pour la vesce.

Les pois gris, dont nous avons déjà parlé, se sèment un peu plus tard que la jarosse et donnent un excellent produit dans les terres calcaires. On les cultive en trop petite étendue sur les métairies. Ils sont soumis aux mêmes procédés de culture que les précédents fourrages. Leur graine est excellente pour l'engraissement des moutons.

Dans quelques contrées, on fait un mélange des semences de ces trois dernières plantes, auquel on donne le nom de *dragées.* Coupé alors que les gousses sont formées, ce fourrage est destiné aux bêtes à laine.

Le maïs. — Le maïs, semé en fourrage, est une excellente nourriture pour les bœufs et les vaches, et d'autant plus que le grain est plus formé, pourvu cependant que la plante soit encore verte. On le sème en ligne ou à la volée. Il exige de fréquents sarclages pour bien réussir. Cette plante est d'une précieuse ressource pour les métayers, qui peuvent en nourrir le bétail depuis le milieu de juillet jusqu'au 15 novembre. De toutes les plantes fourragères, c'est celle qui épuise le plus le sol

Le moha. — On a beaucoup parlé de cette plante, qui donne il est vrai, en peu de temps, une récolte abondante en fourrage. Le millet pourrait lutter avec avantage; mais ces deux plantes exigent un sol meuble et convenablement fumé; elles redoutent beaucoup les gelées blanches, ce qui oblige de retarder leur semence et alors on a à craindre que la sécheresse ne nuise à leur développement.

Le lupin. — Les qualités de cette plante sont plus appréciables pour en former des engrais verts que du fourrage. Le lupin aime les sols légers; il réussit sur des sols de qualités médiocres, secs, très-peu sur les terres humides. Cette plante peut rendre de grands services pour fertiliser des terres pauvres; les moutons le mangent volontiers. On sème en mai, à la volée, 100 à 120 litres de graines.

Les choux. — On peut cultiver avec avantage les choux pour la nourriture des vaches nourrices ou laitières et pour les cochons. Cette plante fournit un fourrage très-abondant; elle demande un sol substantiel et frais. On doit semer en pépinière dans le mois de mars, assez clair pour que les plantes acquièrent de la force. On transplante en place dans le courant de mai. Les variétés cultivées dans les champs, sont le chou cavalier, le chou branchu, le chou vache, et autres variétés analogues.

PLANTES FOURRAGÈRES A RACINES OU A TUBERCULES.

Ces végétaux sont le pivot de toute agriculture perfectionnée; plantes sarclées par excellence, ils donnent le moyen de nettoyer parfaitement le sol, sans avoir recours à la jachère, qui oblige à perdre une année du revenu du sol. Ils fournissent une quantité très-considérable de substances nutritives propres à tous les animaux domestiques, qu'on peut, avec leur concours, multiplier en plus grand nombre dans les métairies; il en résulte encore une abondance d'engrais, qui augmente la fertilité du sol.

Les plantes le plus généralement cultivées pour leurs racines, sont : la betterave, le navet, la rave, la carotte et le panais. Celles que l'on cultive pour leurs tubercules, sont : la pomme de terre et le topinambour. Il existe encore d'autres plantes du même genre, mais qu'on ne cultive que très-rarement en dehors des jardins.

De la betterave. — On cultive plusieurs variétés de betteraves; mais les deux principales, en grande culture, sont la longue rose appelée *disette,* et la betterave de *Silésie,* qui est blanche. Cette dernière est tout aussi productive, plus rustique, car elle craint moins la gelée et la sécheresse que la disette, qui n'a sur celle-ci que l'avantage d'être plus facile à arracher, à cause de sa position hors du sol, où elle ne tient que par l'extrémité de ses racines.

On sème la betterave sur place ou en pépinière, à raison de 25 à 50 kilog. par hectare, dans des lignes espacées de 40 centimètres entre elles. Sur place, les lignes étant espacées de 75 centimètres, on sème 8 à 9 kilog. par hectare. Le semis en pépinière donne la facilité de préparer le terrain qu'on destine à la betterave; de plus, le plant résiste bien à la sécheresse, pourvu qu'il soit de la grosseur du doigt quand on le repique; ensuite, les frais du repiquage sont largement compensés, en ce que les premiers sarclages sont bien moins considérables. A moins d'une saison très-sèche, qui obligerait à arroser, la méthode en pépinière a le grand avantage de mieux garnir le sol, de sauver plus aisément le jeune plant, qu'on peut placer dans un sol fertile et d'une petite étendue. Lors même que le cultivateur se déciderait à semer sur place, il devrait avoir eu soin d'établir une petite pépinière pour remplacer les graines ou les plants perdus. Le semis en pépinière se fait fin mars, le semis en place et en ligne fin avril, et le repiquage dans tout le mois de mai.

La betterave est une excellente nourriture pour le bétail; elle est très-favorable à l'engraissement des bœufs et des moutons, favorise la production d'un lait abondant et de bonne qualité. La quantité immense de fourrage que cette plante peut fournir, son excellente qualité, devraient engager les cultivateurs à quelques sacrifices pour sa culture, dont les récoltes suivantes profiteraient du reste.

La betterave aime un sol meuble, léger et substantiel. Les terres fortement argileuses ou calcaires, à sol peu profond, lui conviennent moins. Dans ces dernières, la betterave-disette, qui s'enfonce peu dans le sol, conviendrait mieux que celle de Silésie, pouvu toutefois qu'elles eussent été convenablement préparées et fumées. Un moyen dont l'expérience nous a démontré l'efficacité, pour la culture de la betterave, alors que le fonds est peu considérable et le sol peu fertile, consiste dans un labour préparatoire à gros billons. Le fumier en trop faible quantité pour engraisser le sol d'une manière suffisante, doit être enterré dans la raie. Par un second labour, le billon a été refendu en ados, de sorte que le fumier se trouve placé au milieu du billon. Le semis ou le repiquage se fait sur le sommet, de manière que la plante peut profiter du voisinage du fumier. Ce procédé, qui sans doute laisse moins dans le sol qu'un épandage uniforme de l'engrais, car la plante l'absorbe mieux, a donné d'excellents résultats. Nous engageons les métayers à faire usage de cette méthode, au moins sur une petite étendue; la réussite les engagera à pousser l'expérience dans de plus larges proportions. Dix ares de terre placée dans une condition de fertilité et de cohésion moyenne, ne donneront pas moins de 40 à 50 quintaux de racines sur un sol qui en produirait 6 en vesces. Cette augmentation vaut bien la peine de tenter l'essai, d'autant plus, qu'en cas de non-réussite, le fumier resterait dans le sol. Ce procédé a, du reste, presque constamment réussi ; l'insuccès n'a dû être attribué qu'à une longue sécheresse ou aux ravages des ennemis de la plante.

Le produit de la betterave, dans des conditions qui lui sont moyennement favorables, peut s'élever de 55 à 50,000 kilog. par hectare, ou 700 à 1,000 quintaux. En présence de pareils résultats, on ne peut comprendre comment les cultivateurs ne prennent pas plus de soin d'une plante qui pourrait, dans la situation de notre pays, procurer de très-grands bénéfices à l'agriculture. En général, la betterave, sous le rapport de la production, est de 1,250 kil. par hectolitre de blé ; il résulterait, de ce rapport, que la production moyenne en blé dans le département étant de 10 hectolitres par hectare, celle de la betterave serait de 12,500 kilog., dont la valeur, comme substance fourragère, équivaut au produit du meilleur hectare de prairie naturelle.

Le tableau suivant, qui pourra servir à la culture de la carotte et de la pomme de terre, donnera le montant des frais occasionnés par un hectare de betteraves dans le pays.

NATURE DES TRAVAUX.	FRAIS		
	DE LABOUR.	DE FUMIER.	GÉNÉRAUX.
Deux labours, à 12 fr. l'hectare.......	24f »c	»f »c	»f »c
Six voitures de fumier, à 6 fr. l'une...	» »	36 »	» »
Semence, 6 kil., à 2 fr.......	» »	» »	12 »
Premier sarclage à la main, 30 journées de femme, à 75 c..	» »	» »	22 50
Deuxième sarclage et éclaircissement...	» »	» »	22 50
Nettoyage, arrachage, 30 d°........	» »	» »	22 50
Transport à la métairie, une journée..	» »	» »	3 »
Six journées d'homme pour aider à l'arrachage et à la rentrée, à 1 fr. 25 c.....	» »	» »	7 50
TOTAUX...........	24f »c	36f »c	90f »c

Le total général est de 150 fr. par hectare; en y comprenant le loyer de la terre, qui est de 50 fr., cette culture coûterait 200 fr. par hectare. Comparée à la culture du maïs, qui coûte le même prix, à peu de chose près, la différence du produit est en faveur de la betterave, dont la valeur fournie est égale à 5,000 kilog. de bon foin, au prix de 2 fr. les 50 kilog., ou 200 fr. Le maïs donne 10 hectolitres de grains, au prix de 10 fr. l'hectolitre, soit 100 fr., et 500 kilog. de fourrage, au prix de 2 fr. ou 20 fr., soit au total 120 fr. Le maïs, cela est vrai, sert à la nourriture des hommes, et est, par cela même, indispensable. On pourrait au moins restreindre sa culture et la remplacer par celle de la betterave, qui, d'ailleurs, laisse une plus grande portion d'engrais au blé qui suit, que ne peut le faire le maïs, dont la végétation épuise plus le sol.

. Les feuilles de la betterave sont aussi un bon fourrage pour les vaches; les cochons les mangent volontiers. Si on les laisse sur le sol pour être couvertes de suite par un labour, elles fournissent un excellent engrais vert.

Lorsqu'on récolte la betterave, qui est une plante bisannuelle, il faut qu'elle soit le plus mûre possible. Cette qualité a une grande influence sur sa conservation; car si elle n'était pas assez avancée, elle subirait une altération d'où résulterait la pourriture. Ainsi, il faut attendre le plus possible, pourvu que le besoin de livrer le sol à une autre culture ou les gelées n'obligent pas à récolter plus tôt. Aussitôt que les betteraves sont arrachées, on enlève les feuilles, en ayant soin de ne pas attaquer le collet de la plante. Il est important, pour leur conservation, de les rentrer bien nettoyées et non humides. Quelques agriculteurs ont soin de mettre les betteraves à couvert aussitôt qu'elles sont arrachées; on les décolle et nettoie sous des hangars, et de là on les place dans l'endroit où on doit les conserver.

Dans quelques contrées de la France, la betterave est cultivée pour la fabrication du sucre; plusieurs fabriques ont cessé leurs travaux, surtout dans le Midi. Nous n'avons pas à en rechercher la cause; nous ne parlerons de l'industrie que dans ses rapports avec l'agriculture. La fabrication du sucre paie, en moyenne, 18 à 20 fr. par 1,000 kilog. de betterave; de sorte que l'hectare, cultivé ainsi qu'il vient d'être dit, donnerait un produit de 20,000 kilog., à 18 fr. les 1,000 kilog., ou 560 fr. par hectare. La cause principale du peu de réussite des fabriques de sucre, doit être attribuée, en grande partie, à l'instabilité des produits en betterave, et ceux-ci encore à l'instabilité des fabriques. Cette industrie ne pourra avoir des chances générales de succès, que tout autant que quelques propriétaires s'associeront entre eux, ou que la fabrication se sera plus popularisée. Les résidus de la distillation sont une très-bonne nourriture pour les bestiaux.

Du navet. — On cultive un grand nombre de variétés de navets connus sous le nom de *turneps, rutabagas, raves;* la variété la plus connue dans notre département est le turneps ou rave du limousin, qu'on cultive sur les chaumes aussitôt après la moisson. Cette plante est d'autant plus précieuse, qu'elle est parfaitement acclimatée, d'excellente qualité comme nourriture, et qu'on l'obtient en récolte dérobée, c'est-à-dire sans intervertir la succession de culture. Comme nourriture d'hiver, la rave offre une très-grande ressource pour le bétail, à cause de la propriété qu'elle a de résister à la gelée et de pouvoir rester en terre, où on la prend à mesure du besoin.

Cette plante mériterait une culture plus étendue et

surtout plus soignée; peu difficile sur le sol, pourvu qu'il contienne un peu d'humidité, la rave donnerait des produits considérables, si on fumait le sol où on la cultive; le fumier, ayant la propriété d'attirer l'humidité et de la communiquer à la racine de la plante, faciliterait sa végétation avec plus de rapidité.

Le navet a l'avantage de nettoyer admirablement le sol; ce serait une préparation excellente pour l'avoine de printemps et l'orge ou baillarge. Il est aisé à comprendre qu'après un blé qui a laissé de mauvaises semences sur le sol, une fumure et un léger labour pour le semis du navet facilitent leur germination, qu'un bon sarclage détruit facilement, surtout si au lieu de semer sans un grand soin, à la volée, comme on le pratique presque toujours, on semait en ligne, avec quelque attention, et sur le haut du billon.

Le navet est une excellente nourriture pour les moutons; si en hiver, lorsque le mauvais temps empêche de les mener paccager les bruyères, on leur donnait un peu de cette racine, on n'aurait rien perdu; ils seraient mieux et plus tôt en état pour la vente au printemps.

De la carotte. — De toutes les racines, la carotte est celle qui offre le plus de ressources pour l'alimentation de toute sorte de bétail; les chevaux en sont très-avides, ce qui tient sans doute à une certaine huile essentielle qui, comme dans l'avoine, donne une qualité particulière à cette plante administrée aux chevaux.

Pour être cultivée avec succès, la carotte est, plus que les autres racines, difficile sur le choix du sol et sur les soins de sa culture; un sol parfaitement meuble, substantiel et profond, peut seul donner de bons produits. La condition la meilleure pour la carotte, est après une culture sarclée et fumée; la fumure immédiate communique à cette plante une saveur désagréable qui nuit à ses qualités. Des sarclages nombreux pour détruire les herbes parasites, sont indispensables.

On sème la carotte en mars, à raison de 4 à 5 kilog. de graine par hectare, si on sème à la volée; pour le semis, bien préférable en lignes espacées de 50 centim., la moitié de cette quantité est suffisante. Cette dernière méthode facilite le sarclage, et la récolte peut être tout aussi productive; il faut avoir soin d'éclaircir suffisamment avant que le plant soit trop fort. De quelque manière qu'on sème, on doit froisser avec soin la graine entre les mains, pour la débarrasser de toutes ses barbes, qui s'opposeraient à un semis régulier.

On cultive plusieurs variétés de carottes, dont les principales sont : 1° la carotte jaune commune, à racine courte et large; 2° la carotte rouge, longue et grosse, qui vient bien dans les sols argileux; 5° la carotte blanche à collet vert, très-productive, sortant un peu du sol, ce qui la rend propre aux terres de peu de profondeur.

La carotte peut donner, dans les conditions qui lui sont favorables, des produits considérables et beaucoup supérieurs aux autres racines; dans un sol convenablement travaillé et pouvant produire 18 hectolitres de blé à l'hectare, la carotte peut donner 25,000 kilog. Les cultivateurs pourraient consacrer une petite étendue, chaque année, à cette plante précieuse. Cuite, la carotte est une très-bonne alimentation pour l'engraissement des cochons.

Pour être assuré d'avoir de la bonne semence des trois espèces de racines dont il vient d'être parlé, le cultivateur doit choisir ses porte-graines dans le champ; il doit prendre les racines qui sont les mieux conformées et les plus saines. Pour la betterave et le navet, on enlève les feuilles, sans attaquer le collet; et pour la carotte, on coupe ses feuilles à 2 centim. au-dessus du collet. Au commencement d'avril ou fin mars, on transplante ces porte-graines, qui ont dû passer l'hiver dans un lieu sec et à l'abri du froid, dans un sol bien meuble et fertile. Quand la graine est mûre, on coupe les branches au-dessus de terre; et on les suspend dans un endroit sec.

Du panais. — Cette plante ne vient bien que dans les sols d'une grande fertilité; sa culture est la même que celle de la carotte, à laquelle il est supérieur en substances nutritives; il a l'avantage de résister au froid; les plus fortes gelées n'ont aucune action sur lui.

On sème le panais en mars, à raison de 5 à 6 kilog. de graine par hectare; la semence doit être enterrée à 3 à 5 centim. de profondeur. On récolte le panais en octobre ou novembre; ses racines, comme ses feuilles, sont une excellente nourriture pour toute sorte de bétail. Dans les exploitations où la culture de cette plante aurait du succès, elle peut donner des produits très-considérables; elle est moins dispendieuse à cultiver que la carotte.

De la pomme de terre.

Dans les pays où on cultive la pomme de terre sur une large échelle, les hommes ont toujours une ressource assurée contre la disette; et lorsque les céréales ne manquent pas, elle sert à donner une très-bonne nourriture aux animaux : il n'y a pas de plante qui se prête à des usages aussi nombreux que la pomme de terre. Dire tout le parti qu'on pourrait en tirer, serait trop long; parlons seulement de sa culture et des services qu'elle peut rendre à l'industrie agricole.

Au point de vue d'un système de culture raisonné, la pomme de terre doit paraître en première ligne, tant à cause de la valeur de ses produits, qu'à cause encore de la popularité générale dont elle jouit. Tous les cultivateurs qui ignorent la valeur et la culture des autres racines, connaissent celles de la pomme de terre; il suffirait d'augmenter les proportions de celle-ci, pour commencer à entrer dans la voie des améliorations agricoles. La culture des plantes sarclées étant la diminution ou la suppression de la jachère, la pomme de terre est, pour notre pays surtout, la plante qui peut y concourir avec le plus d'efficacité.

On cultive un nombre considérable de variétés de pommes de terre; dire quelle est la meilleure, est très-difficile: on les a confondues dans la culture et par le peu de soin apporté au choix des plants reproducteurs. Il existe une variété de cette plante qui produit beaucoup, est très-bonne, et fournit une grande quantité de fécule; on la retrouve dans presque toutes les métairies du Périgord; elle est jaune, assez grosse et un peu tardive.

La pomme de terre réussit très-bien dans tous les sols qui ne sont pas trop argileux, s'ils ont été ameublis par de bons labours; dans notre pays, les sols argilo-calcaires sont très-favorables à cette plante, qui y acquiert une excellente qualité. Dans tous les sols qui n'ont pas reçu une fumure, la pomme de terre ne donne qu'un produit en rapport avec leur fertilité. Pour que cette plante soit productive, il faut lui donner des engrais; le procédé indiqué pour la betterave, d'enterrer le fumier dans la raie, est surtout applicable à la pomme de terre. Un trait de charrue enterre le fumier sur la bande renversée, et au milieu de sa hauteur on place le tubercule à la main sans le jeter, ce qui peut le faire tomber au fond de la raie, et l'expose à se pourrir, par l'humidité

qui peut s'y assembler; un second trait, en adossant sur
le billon opposé, recouvre tout à fait le fumier, et le
troisième trait recouvre la pomme de terre. Lorsque le
sol est convenablement préparé, trois traits, qui peuvent prendre chacun 25 centim., suffisent pour chaque
ligne de pommes de terre, qui se trouvent ainsi espacées
de 75 centim. On doit diriger, autant que possible, la
charrue de manière à abriter la jeune pousse du froid.
Les autres travaux de culture de la pomme de terre sont
les mêmes que ceux décrits pour la betterave.

La pomme de terre se plante et ne se sème pas. On
peut cependant renouveler ou créer des variétés de ce
tubercule par le semis; mais alors il faut attendre trois
ans pour avoir des résultats passables. Il est même probable que ce moyen serait le plus efficace pour détruire
la maladie qui dévaste des contrées entières, et qui se
produit sur cette plante surtout dans les années humides. Lorsqu'on prépare le tubercule pour la plantation,
on doit avoir soin de ne le point couper en un trop grand
nombre de morceaux. Dans les terres qui ne sont pas
très-fertiles, l'économie du plant, qui fait qu'on divise
la pomme de terre en trois ou quatre parties, est souvent une cause de diminution du produit. En effet, si
la portion mise en terre n'a qu'un ou deux yeux dont le
germe soit altéré, le plant ne lève pas ou lève mal, et
le pied est perdu ou peu productif. Les grosses pommes
de terre doivent être coupées en deux et de manière à
diviser également les yeux sur les deux portions; celles
qui sont de grosseur moyenne sont plantées entières;
on ne doit pas se servir des petites, bien que quelques
auteurs ne les repoussent pas. Il y a des exceptions qui
peuvent prouver la réussite du plant de petites pommes
de terre; mais l'expérience est en faveur des grosses. En
général, pour reproduire quelque plante que ce soit,

le choix de la semence est une question fort importante. Prendre les plus belles et les mieux conformées, est une chance de succès de plus. Il ne faut pas moins de 20 à 25 hectolitres de pommes de terre par hectare pour faire une plantation convenable.

On a proposé de faire manger les fanes de pommes de terre au bétail ; mais outre que cette alimentation est peu substantielle, elle est rarement de leur goût ; les fanes contiennent du sel de potasse qui convient à l'engrais du sol. Si on peut les recouvrir à la charrue, elles produisent un bon effet sur la céréale qui suit cette récolte ; mais comme elles entravent la marche des instruments et retardent l'accélération du travail, qui est très-précieux dans cette saison, il est préférable de les faire décomposer dans les cours des métairies, ou de les brûler sur le champ et d'en répandre la cendre.

La pomme de terre est une excellente préparation pour toutes les céréales ; non-seulement elle prépare bien le sol, mais encore les plantes granifères qui lui succèdent paraissent se bien trouver de son séjour antérieur. Un seul labour suffit pour les semailles de céréales sur pommes de terre.

Lorsqu'on a planté la pomme de terre, un hersage qui ameublit le sol et facilite la sortie des premières pousses, est une très-bonne opération. A défaut de la herse, on se sert du hoyau ou de la sarclette. Dans ce dernier cas, on n'opère que sur le milieu de la raie où se trouve placé le tubercule.

Les avis pour et contre le buttage de la pomme de terre sont très-partagés : M. de Dombasle en conteste l'efficacité. Notre expérience est d'accord avec cet illustre agronome. Les pommes de terre buttées sont plus vigoureuses de tige, mais moins abondantes en tubercules.

La pomme de terre se vend quelquefois au commerce pour la fécule, les sirops et une foule d'autres usages.

Du topinambour. — Dans le département, on pourrait retirer de grands avantages de la culture du topinambour, qui réussit assez bien sur les sols pauvres, sablonneux et crayeux. Les tubercules ne craignent pas les plus fortes gelées; mais les tiges y sont très-sensibles. C'est une bonne nourriture pour les bœufs et les moutons; même pour l'homme, c'est un aliment très-bon et très-sain; les tubercules préparés dans le ménage ont le goût de la partie charnue de l'artichaut. Leur valeur nutritive est à peu près égale à celle de la rave. Les tiges vertes sont assez goûtées du bétail, surtout des vaches et des moutons. Lorsqu'elles sont coupées sèches, elles peuvent servir pour brûler, car leur élévation est quelquefois de 2 mètres 50 centimètres et plus; elles peuvent encore servir à ramer les pois et les haricots.

La manière de planter les topinambours est la même que celle de la pomme de terre, avec cette différence qu'on peut les planter plus tôt; leur réussite, comme assurée dans presque tous les terrains, et leurs qualités particulières, devraient en introduire la culture sur les métairies. Cette plante se plaît surtout dans les endroits ombragés, dans les clairières des bois. Dans un sol fertile, elle peut surpasser, en poids ou en volume, le rendement de toutes les autres racines. Il faut la donner avec ménagement aux moutons et mélangée avec un peu de sel. Les cochons, qui en sont fort avides, peuvent la consommer sur place; car on peut la laisser sur le sol sans crainte qu'elle soit attaquée par la gelée, et la récolter à fur et mesure des besoins. Avant de l'administrer aux animaux autres que les cochons, il faut la bien nettoyer de la terre qui s'attache au tuber-

cule et s'assurer qu'il n'y en a pas de gâtée; dans cet
état, il pourrait en résulter pour le bétail de graves accidents.

Le seul inconvénient du topinambour, est la difficulté
d'en purger le sol qui l'a produit; les plus petits tubercules, les moindres racines, suffisent pour le faire re-
pousser. Cette plante étant vivace, on peut lui consacrer
une portion de terre. Quand on voudra la changer de
culture, on fera pâturer les tiges qui repousseront après
l'arrachage; et au moyen d'un ou deux labours, on
pourra la détruire complétement. Un ou deux sarclages
sont utiles pour détruire les mauvaises herbes et pour
faciliter au sol l'absorption de la chaleur et de l'humidité. On plante, comme pour la pomme de terre, 20 à
25 hectolitres de topinambours en lignes espacées de
50 centimètres.

De la courge. — Cette plante, très-cultivée dans les
métairies du Périgord, est trop connue pour que nous
a décrivions longuement : c'est une bonne nourriture
pour les cochons; les vaches la mangent très-voloutiers.
On la sème seule, en poquets, ou bien entre les plants
de maïs. On a l'habitude de la rentrer trop tôt, ce qui
l'expose à pourrir facilement. Quand la courge est mûre,
son écorce est plus duré, plus jaune et plus luisante.

De la spergule. — Cette plante vient bien dans le sol
sableux et frais; les vaches en sont fort avides comme
fourrage vert. On la sème en mars ou avril. C'est un
bon engrais enfoui en vert.

De la moutarde. — La moutarde blanche est préférable à la noire pour fourrage. Sa croissance est rapide,
pourvu que le temps ne soit pas trop sec. On la sème

sur le chaume à raison de 125 grammes par hectare. C'est un très-bon fourrage pour les vaches, dont elle améliore le lait, mais qu'il ne faut pas continuer trop longtemps.

La *pimprenelle,* la *singuisorbe* et le *plantain* sont très-rustiques et peu difficiles sur le choix du terrain. On ne les emploie guère que dans les pâturages.

Les *bruyères,* les *genets,* l'*ajonc,* sont encore des plantes fourragères dont on tire parti quand elles sont jeunes, et dans l'hiver. A cette époque, on pourrait aussi utiliser les branches de pin pour la nourriture des moutons indigènes.

Les feuilles de l'orme, du chêne, de l'érable, du frêne et du peuplier, sont recueillies fin août, avec les branches, pour la nourriture d'hiver des moutons.

PLANTES OLÉAGINEUSES.

On cultive ces plantes pour leur graine, dont on extrait l'huile. Ce qui doit nous occuper, est la culture de ces plantes, leurs produits et leur valeur. Il serait oiseux de les étudier toutes ; nous ne ferons mention que des plus importantes.

Du colza. — Cette plante oléagineuse fournit la graine la plus répandue dans le commerce. Son produit, la culture qui lui est propre, lui donnent un rang très-important dans la culture perfectionnée. Le colza n'est pas très-difficile sur la nature du sol, pourvu toutefois qu'il soit bien préparé et suffisamment fumé. Comme il redoute beaucoup les gelées, il est indispensable que le sol où on le cultive ne retienne pas une trop grande abondance d'humidité, et qu'il puisse aisément être égoutté.

On sème le colza en pépinière pour être repiqué, ou en place, à la volée ou en lignes distantes entre elles d'environ 50 centimètres, selon la fertilité du sol. Ce procédé facilite les sarclages à la main ou à la houe à cheval. Le semis en place est préférable sur la jachère ou sur une terre fumée et suffisamment préparée par un seul labour. Pour les terres qui ne seraient en état de le recevoir qu'un peu plus tard, le repiquage offre l'avantage de faire marcher la végétation à la même époque, en remettant dans le sol des plants aussi forts que ceux qui auraient été semés sur place. Cette opération est pratiquée, pour le semis, dans le courant de juillet jusqu'au 15 août, et dans notre pays, le repiquage peut avoir lieu jusqu'au milieu de septembre.

Le semis en pépinière fournit du plant pour quatre fois l'étendue du semis. Ainsi, 10 ares de pépinière peuvent fournir pour 40 ares; si ce semis a été fait en lignes de 25 centimètres, on enlève une ligne entre deux, et on éclaircit les deux rangs qui restent, de sorte que cette portion en pépinière pourra, ainsi traitée, rester ensemencée et se trouver conforme au reste de la culture; mais comme la multiplicité des plants épuise la pépinière, il est utile de la fumer un peu plus que la partie repiquée. Il est bon que les plants soient un peu forts.

Pour le semis à la volée, il se pratique, comme pour toutes les graines, à raison de 8 à 9 litres par hectare. En ligne, il en faut un peu moins. Dans les pays où on cultive cette plante en grandes étendues, on se sert du semoir; cet instrument, très-cher, peut être suppléé par des femmes, qui répandent la semence sur les lignes, à raison de 15 à 18 grains par 52 centimètres de longueur. On peut recouvrir à la herse ou avec des instruments légers, à main. La semence ne doit pas être enterrée à plus de 4 centimètres.

Le repiquage s'opère avec le plantoir ou derrière la charrue. Dans le premier cas, on ouvre un trou, et on place le plant, qu'on presse contre terre en la foulant avec le pied. Lorsque c'est avec la charrue, des ouvrières, munies de paquets de plants, couchent ceux-ci contre la bande renversée, de manière que la bande suivante vienne les recouvrir. Quelques agriculteurs recommandent de pincer le bout du pivot du plant, pour donner plus de force aux petites racines latérales. Les plants doivent être espacés entre eux, dans les lignes, de 20 à 25 centimètres.

Le colza doit être biné et éclairci dans le courant de septembre et au printemps, aussitôt que possible. Si on attendait trop tard et que la saison favorisât l'accroissement rapide de cette plante, l'opération serait plus difficile, sinon impossible.

C'est vers la fin de juin qu'on peut récolter le colza dans notre climat. Il faut observer avec soin de commencer à le couper avant sa parfaite maturité, parce qu'alors les siliques s'ouvrent facilement et la graine tombe sur le sol. Lorsqu'un tiers à peu près des siliques commence à jaunir, et que la graine a une couleur brune quoique tendre, il est temps de couper le colza. Aussitôt que la plante est abattue, on en forme des meulons sur le champ, disposés en cônes, le pied de la plante en dehors et les branches en dedans ; à mesure que le tas s'élève, sa forme devient entièrement conique. Lorsqu'on craint que le vent ne renverse ces meules, on peut les assujettir par des pieux plantés en terre et avec des liens en paille ou en osier. On peut laisser en tas pendant quelques jours, pour l'achèvement de la dessication des tiges et la maturité de la graine. Si ces meulons ont été faits avec soin, la pluie ne peut pas dégrader la récolte.

Il ne faut pas rester longtemps sans dépiquer le colza, car on s'exposerait à perdre beaucoup de graine. Lorsque la maturité est complète, on le rentre dans des granges ou sous des hangars, pour le battre; dans ce transport, il est urgent de garnir les charrettes avec des toiles, pour conserver la graine qui tombe. Le meilleur procédé est de le battre sur le champ où on l'a récolté, en le plaçant sur des toiles.

Sur des terres d'une fertilité à produire 15 hectolitres de blé à l'hectare, la culture du colza produit à peu près 18 hectolitres; mais ses proportions augmentent beaucoup, selon le plus ou moins haut degré de richesse du sol. Ainsi, une terre qui produirait 22 à 25 hectolitres de blé, produirait 55 hectolitres de colza, dont le prix est généralement supérieur à celui du blé.

Les tiges de colza peuvent servir à la nourriture du bétail, à faire litière, et, dans les contrées où le bois est cher, à chauffer le four.

Cette plante est une bonne préparation pour les céréales, qui viennent très-belles sur une récolte de colza.

De la navette. — La culture de cette plante est identique à celle du colza. Moins productive que lui, la navette a l'avantage de mieux réussir sur un sol moins bien amendé. Les terres siliceuses et calcaires, suffisamment fumées, lui conviennent très-bien. La différence qui distingue la navette, est que ses feuilles ont beaucoup de ressemblance avec le navet, sont plus rudes que celles du colza, qui se rapprochent un peu de celles du chou et qui sont lisses. On sème presque toujours la navette à la volée, à raison de 7 à 8 litres de graines par hectare.

L'œillette grise, qui donne une huile d'une qualité supérieure aux deux dernières plantes, est cultivée dans les bons fonds pour remplacer le colza, lorsque la gelée l'a détruit.

PLANTES TEXTILES.

Les plantes textiles fournissent par leur écorce une filasse propre à faire des tissus, qu'on désigne sous le nom de toile. Ces espèces de plantes sont nombreuses ; nous ne nous occuperons que du lin et du chanvre.

Du lin. — Le lin demande un sol très-fertile et très-meuble. Les fumiers doivent avoir été décomposés dans le sol avant le semis, car au moment de la semaille, ils ne pourraient être uniformément divisés et occasionneraient des inégalités dans la levée de la graine. La condition essentielle pour la réussite du lin, est que la semence soit répartie de manière à ce que toutes les graines lèvent en même temps, et que le développement soit uniforme. Sans cette condition, on n'obtiendrait que des tiges trop grosses ou trop fines, qui donneraient un brin d'une qualité très-inférieure.

Le lin réussit très-bien sur une culture qui a profondément ameubli le sol, même sur un seul labour ; ainsi, les prairies naturelles ou artificielles, dont le fonds est d'une certaine fertilité, sont une très-bonne préparation pour le lin, qui, dans ces conditions, donne une filasse très-abondante et beaucoup de graine.

Dans notre département, il serait plus convenable de semer le lin avant l'hiver, dans les premiers jours de septembre ; la plante a le temps de se fortifier contre les gelées ; la graine venant plus mûre par ce procédé, elle acquiert de la valeur pour être convertie en huile, et conserve plus de vigueur pour être réensemencée. La quantité à semer par hectare est de 5 hectolitres au plus.

Le produit est très-variable. Celui que nous avons ob-

tenu dans une moyenne de dix années, par la culture à
moitié frais avec des solatiers (ouvriers attachés à la
culture d'une métairie), a été, pour 1 hectare, de 300
kil. de filasse, vendus au prix moyen de 50 fr. les 50 kil.,
ou 180 fr. ; 6 hectolitres de graine, au prix moyen de
22 fr. l'hectolitre, ou 152 fr. Au total, 312 fr. pour
1 hectare, dont la moitié revenait aux ouvriers qui l'a-
vaient travaillé.

Il est indispensable de sarcler le lin souvent et d'enlever à la main les herbes qui se trouvent mêlées à ses
tiges ; on l'arrache avant sa maturité complète, pour conserver sa souplesse ; on le met en petites bottes placées
debout l'une contre l'autre, jusqu'à ce que le lin soit
sec. On le rentre ensuite en meules de 24 bottes, ou
poignées superposées alternativement, c'est-à-dire les
racines des unes opposées aux têtes des autres. Plus tard,
on procède au battage.

On fait rouir le lin en le plongeant dans des courants
d'eau, et l'y maintenant au moyen de pieux ou traverses
chargées de pierres. On le laisse dans cet état jusqu'à ce
que les parties mucilagineuses de l'écorce soient dissou-
tes, et que la filasse puisse en être dégagée. Il faut apporter une grande attention à ce que cette opération ne
dépasse pas le temps nécessaire, car il s'opérerait une
fermentation qui, décomposant la filasse, la rendrait impropre à servir, ou tout au moins altérerait sensiblement ses qualités. Le meilleur moyen, quoique plus
long, est le rouissage sur le pré, qui permet de s'assurer
à tout moment du degré de dissolution des matières mucilagineuses. Lorsque le lin roui est assez sec, on le
passe sous un rouleau, ou on le bat avec une masse,
pour le rendre plus facile à broyer. Le lin ne revient pas
bien sur lui-même ; six à sept ans d'intervalle sont indispensables.

Du chanvre. — Cette plante, qui est le magasin de lingerie de la plupart des cultivateurs, est encore recherchée pour ses propriétés à faire des cordages employés par la marine, usage auquel le lin est impropre.

Dans les métairies, on dispose pour le chanvre une portion de terre, à laquelle on donne le nom de chenevière. C'est là où on porte les meilleurs fumiers, ce qu'on cultive avec le plus de soin. Les produits viennent généralement récompenser ces soins assidus mais très-coûteux.

Il faut au chanvre un sol de forte consistance, un peu humide, très-riche en humus et parfaitement ameubli. On sème le chanvre dans les premiers jours de mai, à raison de 8 à 9 hectolitres par hectare. Deux sarclages sont ordinairement nécessaires pour cette culture.

Lorsque les sommités des tiges mâles jaunissent, il faut procéder à leur arrachage ; les tiges femelles, qui portent la graine, ne sont mûres que cinq ou six semaines plus tard. A mesure qu'on arrache le chanvre, on le lie en bottes comme le lin. Le rouissage doit être surveillé plus attentivement.

DES ANIMAUX.

L'une des questions les plus importantes de l'agriculture, est, sans contredit, celle des bestiaux. C'est d'eux qu'on obtient le travail de la terre, le fumier qui la fertilise, et ils permettent encore d'obtenir du profit de leur élève, de leur croissance et de leur engraissement. Ils sont, en un mot, la base de la richesse agricole. De la recherche des meilleurs moyens d'en tirer parti, il peut naître des enseignements précieux dont peu de pays pourraient profiter plus que le Périgord. Chez nous, en effet, le caractère, les habitudes et le goût inné, font des cultivateurs périgourdins des hommes spécialement aptes à élever, connaître, soigner et même négocier ces utiles auxiliaires de la culture. Pour développer cet instinct et lui donner un essor lucratif pour le département, il suffirait de répandre quelques connaissances sur le développement qu'on pourrait donner à cette branche importante de l'agriculture.

Du bétail à cornes.

Dans l'examen topographique du pays, il a été dit quelles étaient les races de bœufs qu'on importait ou qu'on élevait dans le département. Avec une étude basée sur l'expérience des faits connus, il serait facile de tirer parti de cette situation, par l'élève, par le croît, par l'embauche ou par l'engraissement.

On apporte trop peu de soins, dans le Périgord, au choix des mâles ou des femelles. Les métayers assez habiles pour se procurer des vaches bien constituées, sans avoir égard cependant à d'autres qualités que celles qui sont extérieures, se trouvent arrêtés dans l'espoir d'obtenir de beaux produits, par la difficulté de rencontrer un étalon reproducteur qui réunisse les qualités désirables. Si le Gouvernement ou les hautes influences locales pouvaient ou voulaient apporter les mêmes soins et la même autorité à créer ou favoriser des dépôts d'étalons pour la race bovine que pour la race chevaline, l'amélioration de la première espèce marcherait, à coup sûr, à grands pas. Notre pays, indépendamment qu'il s'y rencontre un grand nombre de connaisseurs en bestiaux, est très-heureusement placé pour profiter d'une organisation de ce genre, car les difficultés qui naissent de l'amélioration d'une race par elle-même, n'existent pas ici, où le choix des types, pour les croisements, peut trouver des ressources dans les diverses races dont il a été parlé à l'étude du pays.

Ce qu'il faut rechercher dans la création ou l'amélioration d'une race de bétail, c'est la disposition au travail, l'abondance du lait, la facilité de son engraissement et les qualités qui, en donnant au bétail de la faveur sur les marchés, en assurent l'écoulement.

Nous ne parlerons pas des qualités des différentes races de bœufs ou de leurs divers croisements dans le pays. Tout ce que nous pourrions écrire à ce sujet n'augmenterait aucunement les connaissances des cultivateurs, qui sont mieux fixés à cet égard que nous-mêmes. Nous nous bornerons donc à poser les principes de l'éducation et de l'engraissement du bétail. Il existe pourtant une race de bœufs dont nous ne passerons pas sous silence les excellentes qualités. Cette race est celle de *Salers*, en Auvergne, dont les caractères sont les suivants : Taille de 1 mètre 40 centimètres; poil court, doux, luisant, d'un rouge vif uni; tête courte, front large; cornes courtes, grosses, luisantes, ouvertes, un peu contournées à la pointe; encolure forte, épaules grosses, poitrail large, fanon descendant jusqu'aux genoux; corps épais, trapu, cylindrique; ventre peu volumineux, croupe forte, fesses larges, hanches petites, attache de la queue fort élevée, jarrets larges; aspect vigoureux, mais annonçant la docilité. Poids vif, environ 550 à 400 kilogrammes. Les vaches de cette race participent des qualités du bœuf, et sont assez abondantes en lait de bonne qualité, qu'une nourriture substantielle pourrait beaucoup développer.

Quelle que soit la race dont on entreprend l'amélioration, l'éducation concourt à développer toutes les facultés natives ; mais il faut, au préalable, avoir recherché, par le croisement, à les établir. Les principes généraux

de la création d'une bonne race reposent sur la recherche des qualités qu'on veut obtenir. Il est plus convenable de croiser un mâle plus petit que trop grand, de crainte que les produits ne soient décousus. Si la femelle a une imperfection de formes, il faut rechercher un mâle qui puisse la corriger par une perfection contraire. Il est indispensable surtout d'éviter de croiser des individus de destination différente ; il faut au contraire accoupler ceux dont les produits doivent participer des qualités respectives des parents, soit comme bétail de travail, bêtes laitières ou bétail d'engrais ; croiser un étalon de race propre au travail avec une vache laitière, serait amoindrir les qualités réciproques de chacun d'eux.

Lorsqu'en suivant cette règle on est parvenu, avec une nourriture abondante et des soins intelligents, à créer une race, il est nécessaire de veiller à ce que les qualités acquises ne se perdent pas ; ce qui arriverait, si à la troisième ou quatrième génération on croisait les sujets de cette race entre eux. Il faut pourtant observer que cet inconvénient ne serait à craindre que tout autant que la race créée serait le produit de deux races différentes ; alors, les imperfections de chacune se reproduiraient en raison du nombre apporté par chacun des reproducteurs. Mais pour les individus de la même race, la consanguinité ou la reproduction par les animaux de la même famille, n'est nuisible au perfectionnement de la race que tout autant qu'il existe dans celle-ci un vice de construction ou une imperfection de qualités qu'on voudrait vaincre ; car ce serait l'augmenter que de la multiplier par la reproduction. Mais si dans une race il se trouve une somme de qualités égale de part et d'autre, comment sera-t-il possible qu'il puisse y avoir amoindrissement, si on maintient les même soins et la même abondance de nourriture ?

De l'élève. — Il est important de suspendre le travail qu'on exige des vaches, au moins en grande partie, deux ou trois mois avant le part. Il est urgent aussi d'augmenter, à cette même époque, la nourriture de ces animaux. Ces soins sont d'autant plus importants, que si on les néglige, les vaches ne conservent pas leurs forces, le vêlage est plus difficile et le lait bien moins abondant ; il arrive même assez souvent que les vaches qui ont été mal nourries se remettent très-difficilement, et qu'elles demeurent exposées à des maladies qui les font périr quelquefois.

Si le veau est destiné à la boucherie, on lui donne le lait de la mère en le laissant téter ; mais s'il est conservé pour l'élève, il est préférable de le nourrir en trayant la vache et donnant le lait frais au veau pendant les dix à douze premiers jours. Au bout de ce temps, on ajoute de l'eau, dans laquelle on délaie de la farine de fèves, d'orge, dans la proportion de 150 grammes environ. Le tourteau de lin ou de noix bien pulvérisé peut encore servir à cet usage. A un mois ou un peu plus, on peut supprimer le lait et le remplacer par des buvées ou des soupes faites avec du regain cuit et haché, quelques pommes de terre cuites bien délayées. Ce moyen de nourrir le veau doit être pratiqué aussitôt qu'il est né. On ne doit pas le laisser lécher par sa mère ; il faut l'emporter aussitôt après le part, afin que la vache ne souffre pas de cette séparation. Ce procédé, très-utile dans les vacheries un peu nombreuses, car il donne la facilité de disposer du lait pour en nourrir également tous les veaux, permet de suppléer à la trop faible quantité de lait d'une vache, en utilisant celui d'une autre qui en produirait trop pour son veau ; mais il occasionnerait trop de soins avec un petit nombre de vaches, et il serait trop coûteux d'avoir une personne exprès pour les soigner.

Quelle que soit la méthode qu'on emploie pour l'allaitement des veaux, il en est une invariable pour favoriser leur croissance : c'est de leur donner, à l'étable ou au pâturage, une nourriture substantielle. Dans l'hiver qui suit la naissance, il faut redoubler d'attention pour l'alimentation. Les jeunes veaux qui ne sont pas convenablement nourris dépérissent, leur croissance s'arrête, et il est très-difficile, sinon impossible, de remédier plus tard à cette faute. Le meilleur fourrage doit leur être réservé ; les racines les plus nourrissantes ne peuvent être mieux utilisées. En employant tous ces moyens, il est possible de créer du bétail qui acquerra des proportions que son origine n'eût pas laissé espérer. Les races les plus chétives dont on soigne l'éducation, peuvent donner de très-beaux produits. Partant de ce principe, que ne pourrait-on espérer des races qui possèdent déjà de certaines qualités et de belles proportions.

Du bétail de croît. — Les animaux qu'on achète à l'âge de un à trois ans, pour développer leur croissance, peuvent acquérir une valeur et un volume d'autant plus considérables que la nourriture qu'on leur fournira sera de meilleure qualité. Si on achète ces animaux très-jeunes, l'alimentation pourra changer complétement le cours de leur développement, pourvu cependant qu'ils n'aient pas trop souffert pendant la première année de leur naissance. Il est facile de reconnaître, à la simple inspection, les jeunes bœufs ou génisses qui sont dans cette dernière catégorie. A l'aspect, ils paraissent rabougris ; les proportions de leur charpente sont inégales ; de longues jambes, cou maigre et court, la côte plate, le poil terne, sont ordinairement les indices d'un animal qui a souffert. Mais si on achète de jeunes animaux exempts de ces vices de formes qui presque toujours accompagnent le bétail le reste de sa vie, on peut arriver à réaliser de très-grands bénéfices sur les premiers, en les soumettant à un régime alimentaire bien meilleur que celui auquel ils étaient accoutumés. Par ce moyen, on peut éviter les chances d'un avortement, d'un part difficile, et encore le soin minutieux, attentif et coûteux de l'élève du jeune veau.

Les taureaux qu'on destine à la reproduction de l'espèce, se trouvent naturellement dans la catégorie d'âge du bétail de croit. Aussi, sera-ce ici que nous parlerons de ces reproducteurs de la race bovine.

Selon la destination qu'on réserve au fruit, il faut donner aux vaches un taureau jeune si le veau est destiné à la boucherie, car alors celui-ci s'engraisse plus facilement. Si, au contraire, on veut créer des bœufs de travail, il est utile d'attendre que le taureau ait trois ans. Les femelles peuvent être livrées à la monte à deux ans ou trente mois. Si on livre l'accouplement au hasard, les mâles n'ayant pas des qualités suffisantes, il en résulte souvent dégénérescence dans la race. Ce vice se reproduit encore lorsque les propriétaires de taureaux, pour retirer un plus grand profit de ces animaux, les livrent à un trop grand nombre de femelles. Un taureau de trois ans, pour conserver ses facultés reproductrices à un degré utile, ne doit couvrir que de 40 à 50 vaches dans l'année.

Divers agriculteurs ont essayé l'introduction de races étrangères dans quelques contrées. Sauf de rares exceptions, cette importation a rarement réussi. Ces animaux sortant d'un climat ou d'un pays dont les pâturages sont très-succulents, ont communiqué ces goûts à leurs produits, qui, ne se trouvant pas placés dans la même situation, n'ont pas tardé à dégénérer. Il faut être très-prudent sur l'adoption d'une race étrangère pour améliorer une race indigène ; la nourriture, les soins, sont choses qu'on pratique rarement de la même manière ; et lors même que ces conditions seraient remplies, il y aurait à redouter l'impossibilité de vaincre la répugnance des acheteurs.

Des vaches laitières. — La production du lait est le produit principal qu'on recherche dans les vaches laitières. Pour que cette production soit plus abondante, il est indispensable de mettre ces animaux à un régime alimentaire qui favorise la sécrétion du lait. La nourriture des vaches laitières doit se rapprocher autant que possible des fourrages verts ; le pâturage, les racines, sont des substances aqueuses qui conviennent parfaitement. Quelques jours avant le part ou la mise bas, la nourriture doit être un peu tonique, pour donner plus de force aux vaches. Il est important de livrer le veau à la boucherie le plus tôt possible, si on ne peut le nourrir autrement qu'avec le lait de la mère ; après un mois, le veau n'acquiert pas en croissance la valeur du lait qu'il consomme. Lorsque le lait ou le beurre qui en provient, peut trouver du débit, il est préférable de vendre le veau à quatre ou cinq semaines.

Les meilleures vaches laitières sont difficiles à connaître. La méthode de M. Guénon, résultat d'une longue pratique, enseigne les moyens de reconnaître les qualités qui constituent une bonne laitière ; mais comme la plupart des cultivateurs ne sont pas à portée de consulter ce système, ils sont obligés de s'en rapporter à la réputation de certaines races. Les bonnes races laitières sont peu propres au travail et à l'engraissement.

Dans le Périgord, où il est peu de situations qui puissent utilement fournir de bons résultats avec des vaches purement laitières, la race de Salers paraîtrait conve-

nable à établir, sous le double rapport de l'élève et de la
production en lait. Il est bon d'ajouter que les femelles
de cette race peuvent, sans préjudice pour ces deux produits, fournir une certaine somme de travail.

Lorsqu'on obtient une certaine quantité de lait qu'on
ne peut vendre en nature, et qu'on trouve profit à en
fabriquer du beurre ou du fromage, il est bon de connaître les procédés de cette fabrication, dont suit un
aperçu succinct : Quand on a trait les vaches, chose qui
se pratique ordinairement deux fois par jour, on dépose
dans un endroit frais, et dans des vases peu profonds et
à surface étendue, le produit de la traite. On procède
chaque fois de la même façon ; il faut avoir soin de ne
pas mêler le lait obtenu à des temps différents ; la crème,
qui ne tarde pas à monter, éprouverait du trouble si on
y ajoutait d'autre lait. Selon la quantité de lait, on peut
écrémer vingt-quatre ou quarante-huit heures après.
Cette opération se fait avec une cuiller qu'on fait glisser
à la surface du liquide, en enlevant la crème qui est plus
épaisse et plus colorée que la partie inférieure. On jette
cette crème dans une baratte ; on agite jusqu'au moment
où le beurre se forme et se condense. On reconnaît que
le beurre est fait, lorsqu'il se forme des grumeaux contre
les parois ou les palettes de la baratte, et que le liquide
qui reste est devenu presque limpide ; on ajoute de l'eau
pour séparer autant que possible le petit-lait ; on enlève
alors le beurre de la baratte, et on le pétrit dans de l'eau
fraîche pour faire sortir le petit-lait que le beurre tient
entre ses molécules. De la perfection avec laquelle ce
travail est fait, dépend la qualité et la conservation du
beurre. C'est dans ce dernier état qu'on le livre à la vente.
On peut encore saler le beurre, pour le conserver pour
les besoins du ménage, ou pour le vendre dans un moment plus opportun.

On peut aussi fabriquer du fromage ; le plus facile à
conserver, à fabriquer ou à vendre, est le fromage de
Gruyère, dont on fait trois qualités : 1º avec du lait non
écrémé ; 2º avec moitié lait non écrémé, et moitié dont
on enlève la crème pour faire du beurre (c'est cette qualité qu'on trouve le plus souvent dans le commerce) ;
5º avec du lait écrémé. Cette qualité ne se débite pas
très-facilement ; elle peut servir aux besoins du ménage,
ou même se placer dans la contrée à un prix inférieur.

Quelle que soit la qualité du lait avec laquelle on voudra faire du fromage, le procédé de fabrication est le
même, et consiste à placer le lait dans une chaudière
ou chaudron dont la capacité devra être en raison de la
quantité de liquide. On doit pouvoir faire mouvoir facilement le vaisseau contenant le liquide, c'est-à-dire pouvoir l'exposer à volonté sur le feu ou l'en retirer. Pour
cela, il suffit d'attacher une chaîne en forme de pendant
de feu à l'extrémité horizontale d'un poteau mobile, dont
le pivot est fixé dans le coin d'une cheminée. Le liquide
chauffé à 22º ou 25º Réaumur, on jette dans le chaudron de la présure, et on agite le liquide pour favoriser
l'action de l'acide sur tout le lait. Aussitôt que celui-ci se
coagule, on retire le chaudron du feu, et, avec les mains,
on réunit en une masse tous les flocons de fromage,
qu'on place dans un moule en bois de hêtre haut de
10 centimètres, et dont la circonférence peut se resser-
rer et s'étendre à volonté, selon que l'on veut la forme
grosse ou petite. La pâte doit déborder sensiblement le
moule, dans lequel on a soin de placer une toile qui
enveloppe le fromage. Par-dessus le moule et la pâte,
ou place une planche chargée de forts poids ou d'une
presse, pour faire égoutter l'eau que contient le fromage.
Lorsqu'on juge qu'il est suffisamment ressuyé, on le sort
du moule, on le sale fortement sur toutes les surfaces,

et on le dépose dans un endroit frais. La disposition et
la température du caveau a une très-grande influence
sur la qualité du fromage. On renouvelle le salage fréquemment pendant deux ou trois mois; au bout de ce
temps, le fromage a dû acquérir les qualités nécessaires,
et c'est alors qu'on le livre au commerce. Quand on met
le fromage dans le moule, il y a des bulles d'air inter-
posées dans la pâte; plus celle-ci a de qualité, et plus
elle en contient. Quand on coupe les formes, le nombre
de trous qu'on y observe est dû à ces bulles; aussi dit-
on que le Gruyère qui a le plus de trous est le meilleur.
Cela n'est pas toujours vrai, car la manière de le brasser
influe beaucoup sur la quantité d'air qui le pénètre.

Dix à douze litres de bon lait peuvent donner 1 kilog.
de beurre; la même quantité peut fournir 1 kilog. $\frac{1}{2}$
de fromage de première qualité. La quantité et la qualité
de la nourriture ont une grande influence sur le produit
en beurre et en fromage. Le petit-lait qui reste de cette
fabrication, peut être utilement employé pour la nourriture des porcs, qui mangent plus volontiers les substances auxquelles on le mélange.

De l'engraissement. — Le bétail à cornes peut être en-
graissé de deux manières : au vert dans les pâturages,
et qu'on appelle *engrais au vert;* et à l'étable avec des
fourrages secs et des grains; cette façon d'engraisser
s'appelle *engrais au sec* ou *de ponture.*

L'engraissement au vert est peu praticable dans notre
pays, où les pâturages ne sont ni abondants ni répandus.

L'engrais mixte, commencé au pâturage dans les regains et continué à l'étable, peut convenir dans la plupart
des contrées du département. Cette méthode, quand les
bœufs ne sont pas trop épuisés par le travail, peut permettre d'opérer l'engraissement dans quatre à cinq mois.

L'engraissement des bœufs déjà reposés et rafraîchis par le pâturage dans les herbes d'automne, se poursuit à l'étable. Les moyens qui nous ont réussi pendant quelques années, sont les suivants : On pratiquait une légère saignée aux bœufs destinés à l'engraissement, afin d'éviter les éruptions à la peau, qui leur occasionnent des démangeaisons ; cet état peut être causé par le changement d'habitudes et de régime. On les plaçait dans le coin le plus obscur de l'étable et à l'abri du passage des autres animaux qui auraient pu les déranger. L'administration de la nourriture était faite à des heures très-régulières, le matin et le soir, et dans les jours un peu longs, à midi. Dans le premier mois de l'engraissement, on donnait des betteraves et des pommes de terre cuites, en plus grande proportion ; dans le second mois, la proportion du grain doublait, celle des racines diminuait. Vers la fin de l'engraissement, les racines étaient administrées en petite quantité, et celle du grain d'autant plus considérable. Le tableau ci-après donnera ces proportions :

SUBSTANCES.	1er MOIS.	2e MOIS.	FIN de l'engrais.
	kil.	kil.	kil.
Betteraves coupées, saupoudrées de son et pommes de terre cuites....................	37 $\frac{1}{2}$	25	12 $\frac{1}{2}$
Bon foin ou regain haché....................	8	8	10
Grain moulu ou concassé, fèves, seigle, orge ou maïs..................................	3	5	7
Paille hachée et macérée avec du son..........	2 $\frac{1}{2}$	2 $\frac{1}{2}$	2 $\frac{1}{2}$

La moyenne des racines administrées par jour est de...................................... 25 k.

La moyenne du bon foin administré par jour est de...................................... 8 $\frac{1}{2}$

La moyenne du grain est de................... 5

Cette nourriture terminait ordinairement l'engraissement du bœuf avant la fin du troisième mois, ou environ en quatre-vingt-cinq jours. La quantité de substances données était égale en foin, d'après le tableau de la
valeur relative des aliments comparés au foin, à 31 kil.
par jour, et, multipliée par quatre-vingt-cinq jours, égale
à 2,650 kilog. pour chaque bœuf, pour compléter son
engraissement.

La manière dont on procédait pour donner la nourriture, consistait à commencer par les racines, qui prépa-
raient les voies digestives; après elles, on donnait le foin,
la paille hachée, et enfin le grain moulu. Il arrivait
quelquefois que chacune de ces substances était dimi-
nuée pour être remplacée par des tourteaux huileux,
dont la quantité ne dépassait pas 2 kil. $^1/_2$. Lorsque ces
animaux avaient terminé leur repas, on les menait toujours aux mêmes heures à l'abreuvoir. On prenait ce
moment pour renouveler leur litière, qui était tenue
abondante et propre. La nourriture bien administrée, la
régularité pour les heures de repas, et la tranquillité
qu'on leur procure, ont une très-grande influence sur
la promptitude de l'engraissement. Le fumier que l'on
obtient d'animaux ainsi traités, est considérable et d'excellente qualité.

Pour engraisser avec avantage, il est préférable de
choisir des bœufs dont la croissance est accomplie, à
six ou sept ans; leur construction, leur aptitude à prendre la chair et le suif, sont une question fort importante.
On peut, à cet égard, se guider sur la réputation de la
race et par certains caractères qui sont très-variables
dans chacune d'elles.

Des bœufs de commerce et de travail. — Dans le département, on n'a guère de bœufs de travail uniquement

destinés à cet usage. La culture emploie des animaux
jeunes ou des bœufs un peu plus avancés, sur lesquels
on espère bénéficier du plus grand accroissement
qu'ils prennent ou de la différence des cours des marchés. Cette manière d'opérer oblige les métayers à avoir
un plus grand nombre de bestiaux, pour les ménager et
rendre leur vente productive ; c'est ce motif qui nous
fait donner aux animaux soumis à cette destination, le
nom de bœufs de commerce et de travail. Il peut y avoir
un très-grand avantage à opérer ainsi, lorsqu'on est
connaisseur et que le temps perdu à courir les marchés
ne préjudicie pas à la culture. Il est pourtant bien difficile, aux métayers surtout, de faire de nombreuses ab-
sences, et dans les saisons où les travaux pressent,
sans en éprouver du dérangement ; mais là n'est pas encore l'inconvénient le plus grave. Les produits du sol
sont longs à récolter ; et, dans la plupart des cas, indispensables aux besoins de la famille ; on ne peut les vendre. Un peu de profit sur le bétail peut se réaliser souvent, et l'argent qui en provient semble le plus pur revenu de l'exploitation ; aussi il arrive très-fréquemment
que les cultivateurs achètent des bœufs trop jeunes pour
donner un travail suffisant, dans l'espoir toujours réalisé d'un bénéfice prochain. Il en résulte nécessairement
que la terre est mal travaillée ; que son produit est très-
faible, et que, balance faite, le domaine se trouve donner un bien mince revenu. Si, au contraire, on faisait
beaucoup de fourrages, il serait alors fructueux de travailler convenablement la métairie avec des animaux
plus forts, qui, pouvant offrir autant de certitude de bénéfices que les précédents, produiraient encore plus de
fumier et bien meilleur. Alors, il n'est pas douteux que
ce mode de spéculation ne pût devenir très-lucratif.
Il aurait surtout l'avantage de permettre l'exécution ra-

pide des travaux agricoles, et la quantité des animaux se trouverait en proportion constante des fourrages disponibles ; de plus, le capital de circulation se renouvelant sans cesse, n'obligerait pas à des avances aussi considérables.

Du cheval.

La configuration du sol, dans la Dordogne, rend difficile d'y introduire l'usage du cheval comme bête de trait employée aux travaux des champs. Pour en faire un objet de spéculation, il faut des habitudes et des connaissances spéciales, afin de ne pas être exposé à faire de coûteuses écoles ; encore ceux qui remplissent ces conditions ne réussissent-ils pas toujours. Quant à l'élève, la maigreur des pâturages est telle en général, qu'on ne pourrait s'y livrer avec quelque chance de succès que dans certaines positions. Cependant, il y aurait quelque chose à faire pour l'amélioration de la race du pays, sous le double rapport de la taille et de la beauté des formes, en faisant choix de poulinières le mieux conformées possible, qu'on ferait croiser par des étalons en rapport avec leurs proportions. Une nourriture abondante et bien composée pourrait d'ailleurs donner aux poulains un développement et des qualités supérieures à la race première, et fournir des produits d'une certaine valeur.

Du mulet.

Le mulet est le produit de la jument avec le baudet. Il participe des qualités du cheval ; plus sobre et plus robuste, il est moins exposé que lui à une multitude de maladies ; il conserve encore plus longtemps sa vigueur, et atteint une plus grande longévité. Il a de l'âne ses grandes oreilles, son pied sûr, son excellent tempérament.

On fait quelques élèves dans certaines localités du département ; mais on n'apporte pas partout les soins que cette production comporte pour être fructueuse. On prend pour mères de vieilles juments hors de tout service actif ; le plus souvent, on emploie des étalons de second ou troisième choix, auxquels on ne donne pas une nourriture suffisante, et qu'on fait servir pour un trop grand nombre de juments. Auprès de nous, au nord, le Poitou, et au midi, la Gascogne, apportent les plus grands soins à cette éducation, tandis que nous, nous négligeons les moyens de rendre prospère cette source de profits. Cependant, dans beaucoup de métairies, une jument mulassière pourrait rendre une foule de petits services, et donnerait en outre deux produits tous les trois ans, qui, convenablement soignés, se vendraient au moins 200 fr. l'un ; cette jument paierait les frais de sa nourriture. Le commerce de ces animaux est assez étendu, et ils sont assez recherchés pour ne pas laisser de crainte sur le débit assuré du produit.

Un travail modéré, sans secousse, est plus utile que nuisible aux juments, les six premiers mois de la gestation. Après ce temps, il faudrait moins exiger, et deux à trois mois avant la mise bas, il serait indispensable de les laisser paccager et de leur fournir une nourriture plus abondante.

Comme tous les animaux de l'élève desquels on veut retirer du profit, le jeune mulet doit recevoir une nourriture appropriée à son âge, mais toujours la meilleure possible. Dès qu'il pourra manger de l'avoine, on ne devra pas craindre de perdre ses avances en lui en donnant chaque jour quelques poignées.

De l'âne.

Ce quadrupède n'est guère apprécié que par le pau-

vre, dont il est le serviteur et quelquefois le compagnon.
Les femmes, trop craintives pour se risquer aux allures
plus vives du cheval, ont seules, avec le pauvre, quelques égards pour sa valeur et son utilité. Sobre, robuste
et dur au travail, pas un autre animal domestique n'a le
pied plus sûr; ses allures moelleuses sont susceptibles
d'acquérir une grande vitesse, avec un peu de soin et
une nourriture suffisante. Les mauvais traitements qu'on
lui fait subir, sont en partie la cause du peu de docilité
qu'on lui reproche.

Comme objet de spéculation, l'âne ne serait pas un
sujet indifférent, surtout pour nos pauvres métayers.
Une ânesse, qui réussit presque chaque année à donner un
produit, dépense fort peu; sur une métairie, où on pourrait encore utiliser son travail, elle vivrait l'été des herbes qui poussent le long des fossés et des chemins, et
l'hiver de ce que les bœufs ou les autres animaux plus
difficiles ne voudraient pas; et fallut-il un supplément
de nourriture, ne le retrouverait-on pas dans la vente
du petit ânon, qu'on vend 50, 60 et jusqu'à 80 fr.? Le
fumier qu'elle produirait, si faible qu'en fût la quantité,
serait encore une compensation. Il est à notre connaissance qu'une spéculation tentée ainsi qu'il vient d'être
dit, sur ces animaux, a produit des résultats très-avan-
tageux, dans une contrée où les communications sont
rares. La race du Périgord est très-chétive à cause du
peu de soin que l'on prend des mères, et encore de l'in-
différence qu'on met au choix du baudet reproducteur.

Des bêtes à laine.

S'il est une introduction d'animaux étrangers difficile
à pratiquer dans un pays, c'est à coup sûr celle des bêtes à laine. Aucune race de bétail ne demande plus de

soins attentifs, n'expose à plus de mécomptes. Que l'on veuille créer une race ou en améliorer une autre par le croisement, il faut des agents spéciaux qu'on ne trouve guère dans notre pays. Pour indiquer les moyens d'introduire, créer ou mitiger une race étrangère, il faudrait entrer dans des détails que l'exiguité de ce travail ne permet pas d'aborder. Disons seulement les moyens de tirer le parti le plus avantageux possible des races qui sont à notre portée.

La race du Périgord est petite, peu fournie en laine, mais sa chair est excellente et le tempérament de ces animaux très-robuste. Ne serait-il pas possible d'augmenter, par une éducation bien étendue, les qualités qu'ils possèdent et en créer de nouvelles? Sans contredit, cette race ne serait pas plus rebelle à des tentatives d'amélioration, que d'autres animaux de même espèce qui ont donné des résultats très-concluants. Il n'est pas possible qu'avec de l'attention dans les accouplements, dans le choix et le ménagement des forces du bélier, qu'on aurait soin de mieux nourrir, ainsi que les mères, on ne parvînt à développer les qualités que ces bêtes possèdent déjà.

Les règles ordinaires observées dans la reproduction de l'espèce ovine, consistent : 1° à organiser la monte de telle sorte que les brebis reçoivent le bélier dans un temps donné ; un mois est la limite la plus convenable pour que l'agnelage se produise à une époque correspondante et dans l'ordre de la monte. Ce procédé a l'avantage de faire équilibre pour le lait plus ou moins abondant de certaines brebis entre les agneaux du même âge à peu près ; lorsque ceux-ci ne trouvent pas aux mamelles de leur mère un lait suffisant, il est facile d'accoutumer une brebis qui en fournirait beaucoup, à venir au secours de celui dont la mère est indigente ;

2º à proportionner le nombre des béliers, dont l'âge ne doit pas dépasser quatre à cinq ans et être de dix-huit mois au moins, au nombre de brebis. 40 doit être le maximun qu'un bélier peut couvrir ; il serait même préférable de n'en donner que 50 ou 55 ; 5º à avoir soin que le bélier soit mis à part et hors du voisinage des brebis jusqu'au moment de la monte, pour que ses forces ne s'usent pas en efforts inutiles ; 4º à remarquer le moment où une certaine partie des brebis est en chaleur pour introduire le bélier, dont la présence peut accélérer celle des autres ; 5º enfin, à retirer le bélier quand on a acquis la certitude que toutes les brebis sont couvertes. Les brebis reviennent en chaleur tous les dix-sept jours à peu près, de sorte que si quelques-unes n'avaient pas été fécondées, on pourrait leur redonner le bélier ; mais il faudrait se hâter, car la chaleur ne dure qu'une quinzaine d'heures.

La brebis porte ordinairement pendant cinq mois ; la monte a lieu, quand elle est faite avec soin, dans le mois de juillet ; on la retarde quelquefois pour faire arriver l'agnelage à une époque plus rapprochée du printemps, mais l'expérience a prouvé que c'est pendant leur première chaleur que les brebis sont plus faciles à féconder, et que les agneaux sont plus beaux et plus vigoureux. La brebis étant naturellement timide, le devient encore plus pendant la gestation ; aussi faut-il éviter les causes d'épouvante qui lui font faire, pour fuir, des efforts, d'où résulte quelquefois l'avortement ou l'avancement du part. L'entrée et la sortie des étables, par laquelle ces animaux se précipitent, occasionnent souvent ces accidents, si on n'apporte pas des soins à modérer leur élan.

Pour favoriser le développement des agneaux, on leur réserve, quand ils sont séparés de leurs mères, le meilleur coin du pâturage, et dans les mauvais jours quelques poignées de regain.

De l'engraissement du mouton. — Selon que les pâturages sont plus ou moins abondants, les moutons prennent plus facilement de la chair et du suif. Lorsqu'on achète des moutons pour les engraisser, on doit remarquer que le pays d'où ils viennent ait des pâturages moins nourrissants que ceux où on les introduit. Les endroits humides sont en général de très-bons pâturages, quoique malsains; ces animaux y contractent une maladie appelée *pourriture* ou *cachexie aqueuse,* qui, dans sa première période, favorise le développement de la chair et de la graisse; mais il faut avoir soin de remarquer le moment où l'engraissement s'arrête pour faire place aux ravages de la maladie. En ouvrant la toison, on remarque que la peau, légèrement rosée chez les individus sains, est pâle et un peu mate chez ceux qui sont attaqués de la maladie; il faut alors se hâter de les vendre pour la boucherie.

Comme les bœufs, les moutons s'engraissent au pâturage, ou à l'étable, ou des deux manières, c'est-à-dire par l'engraissement mixte; les règles à suivre sont à peu près les mêmes, sauf la proportion relative au volume des individus. On compte, d'après plusieurs expériences, qu'un mouton consomme le dixième de la somme de nourriture d'un bœuf. Plus les substances alimentaires sont nutritives, plus l'engrais s'accélère : les fèves, l'orge, la vesce, la jarosse et les pois gris concassés, engraissent très-rapidement; les pommes de terre cuites et la betterave sont une excellente nourriture au commencement de la mise à l'engrais.

De la tonte. — Il serait préférable de payer des tondeurs habiles que de tondre les moutons ainsi qu'on le pratique dans les métairies; la laine qu'on laisse sur le

dos du mouton et qui est la meilleure, les rayures nombreuses qui enlèvent l'apparence de l'animal, sont plus
coûteuses que le prix qu'on paierait à des hommes exercés dans cette pratique. Il ne faut pas attendre qu'il fasse
trop chaud pour tondre les bêtes à laine, car la chaleur,
qui les incommode beaucoup, nuit à leur engraissement,
ou tout au moins le retarde.

Du porc.

Les nombreux services que toutes les parties du porc
peuvent rendre, sont trop connus pour qu'il soit nécessaire d'en faire mention; les espèces qu'on élève dans
le Périgord sont si répandues, qu'il serait oiseux d'entrer dans de longs développements sur leurs qualités.
Nous étudierons seulement la meilleure manière d'élever
et d'engraisser le cochon avec profit.

Ce genre de bétail a l'avantage d'utiliser et de donner
de la valeur à des produits qui n'en auraient aucune
sans son intermédiaire. Il faut dire que c'est presque
exclusivement à ce rôle qu'on borne la spéculation du
cochon; pourtant, avec une nourriture appropriée et
des soins hygiéniques, trop négligés dans nos métairies et
qu'il serait très-urgent de modifier, l'éducation de ce quadrupède pourrait donner des bénéfices assez importants.

Comme pour toutes les mères dont on veut profiter
le fruit, il faut aux femelles une nourriture plus substantielle et plus abondante pendant leur gestation; on doit
écarter avec soin de la reproduction, les truies mal conformées ou maladives, dans la crainte qu'elles ne communiquent ces vices à leurs petits. Au moment de l'accouplement, le verrat doit recevoir une nourriture plutôt
excitante qu'abondante, car il s'agit moins de l'engraisser
que de développer ses facultés reproductives. Les signes

distinctifs qu'on doit rechercher dans le choix de la truie
et du verrat, sont : la prédominance du système mus-
culaire sur le système osseux ; une poitrine large, qui
est ordinairement un indice certain de la faculté de ces
animaux à prendre la graisse, en même temps qu'elle
est la garantie d'une santé robuste ; une tête petite, le
cou court, le train de derrière très-développé, la peau
fine et par conséquent plus facile à se prêter à l'accumulation de la graisse. Nul doute qu'en suivant ces principes pendant deux ou trois générations, on ne parvînt
à augmenter la valeur de notre excellente race, surtout
si une nourriture bien composée et progressivement
administrée venait compléter les soins apportés au choix.

On nourrit les porcs au pâturage, dans les bois, où ils
trouvent des glands, des racines et diverses plantes. Ces
animaux, qui fouillent le sol avec leur groin, portent
souvent un grand préjudice aux terres où on les mène
pâturer ; ils détruisent le gazon dans les pâturages, et
mettent la racine des arbres à nu dans les bois. On
pourrait remédier à cet inconvénient au moyen de clous
placés au bord supérieur du groin, mais alors ils ne
trouveraient plus dans le sol la plus grande partie de
leur nourriture. Ces animaux trouvent encore dans les
cours des métairies quelques grains ou autres substances
qui les soutiennent très-peu. On donne aux mères des
soupes composées de feuilles de chou ou autres plantes
mélangées avec une très-petite quantité de son ; cette
nourriture insuffisante ne produit que des animaux peu
propres à fournir du bénéfice.

L'engraissement dans le Périgord est très-coûteux,
d'autant plus qu'il repose sur le grain de maïs et la châ-
taigne ; le maïs est quelquefois mélangé avec des pommes de terre cuites, et administré seul vers la fin de
l'engraissement.

Un procédé d'entretenir les cochons d'élève dans un
état de développement avantageux pendant leur croissance, procédé qui a pour lui la sanction d'une longue
expérience, consiste à faire aigrir la nourriture qu'on
leur donne. A cet effet, on a deux vases en bois, pouvant contenir la nourriture de trois jours pour le nombre de cochons qu'on élève. On prépare ces aliments
avec des racines cuites, qu'on a soin d'écraser et de
mêler avec le cinquième de sa quantité de farine d'orge
ou de maïs; on ajoute un peu de levain pour faire aigrir
cette espèce de soupe. Lorsque dans l'un des vases il ne
reste qu'une petite portion de ces substances, on en
ajoute de nouvelles et on opère le mélange; la portion
restée dans le vase communique la fermentation à toute
la masse, qui devient aigre en quelques heures. De cette
façon, on peut avoir de la nourriture aigrie de trois jours;
alors même qu'il y aurait huit jours que cette préparation eût eu lieu, cette soupe n'en serait que meilleure;
mais il faudrait, pour peu que le nombre de cochons fût
grand, des vases d'une capacité considérable, ou en
augmenter la quantité. L'expérience, comme nous le
disions tout à l'heure, a prouvé le goût prononcé du
porc pour la nourriture acidulée. La quantité de farine
à mélanger doit augmenter en proportion de l'avancement de l'engrais. Pour administrer ces soupes, on les
délaie au moment du repas, dans de l'eau pure ou de
l'eau de vaisselle; le petit-lait, lorsqu'on fabrique du
beurre ou du fromage, convient parfaitement dans cette
préparation; mais il faut avoir la certitude de n'être pas
dans l'obligation de le cesser; car alors les cochons man-
geraient moins volontiers la nourriture préparée sans
petit-lait. Lorsqu'on veut pousser l'engrais, on admi-
nistre aux cochons des châtaignes après chaque repas,
et vers la fin, du maïs en grain. Il faut bien faire atten-

tion de donner à ces animaux assez de nourriture pour les rassasier, mais point trop, de crainte qu'ils la laissent et se dégoûtent. Les herbes vertes, le chou, la laitue, la luzerne, le trèfle et le sainfoin, sont une très-bonne nourriture pour ces animaux; on peut les leur faire manger dans le champ ou à l'étable.

C'est à tort qu'on accuse les cochons de malpropreté; pas un de nos animaux domestiques ne recherche avec plus de soin une litière propre, et ne répugne davantage à salir sa loge. Le porc aime et recherche les occasions de se plonger dans l'eau : une mare, où on peut les faire baigner dans l'été, doit être le complément d'une porcherie bien organisée.

Il a été introduit dans le pays des cochons chinois qu'on a élevés seuls ou croisés avec la race indigène. Les produits qui en sont résultés n'ont pas eu tout le succès qu'on s'était promis, bien que ces animaux prennent la graisse plus vite et à moins de frais. Le débouché, qui s'est borné à fournir, et encore en partie, à la consommation locale, a dû restreindre la propagation de ces races et de leurs croisements. On leur reproche, avec raison, de fournir un lard moins ferme que le cochon indigène, et de ne pouvoir se transporter au loin à cause de la difficulté qu'il y a à les faire marcher.

On peut engraisser les cochons dès l'âge de huit mois; mais pour obtenir un développement plus considérable, il serait convenable de ne commencer l'engrais qu'alors que leur croissance est à peu près complète, à un an ou quinze mois.

De la chèvre.

Comme bétail à introduire sur une exploitation, la chèvre offre des inconvénients nombreux que son produit ne compense pas. Ces animaux ne se nourrissent

guère que des feuilles des arbres ou arbustes, et leur
produit ne consiste qu'en lait, dont la vente ou la conversion en fromage oblige à des soins et des connaissances que le cultivateur ne peut donner ou avoir. A part
une ou deux chèvres qu'on peut entretenir sur une exploitation, pour les besoins du ménage, l'éducation de
ces animaux paraît peu profitable ; il faut donc laisser à
des hommes spéciaux le soin de tirer parti de la chèvre,
et tâcher de se mettre à l'abri de la dévastation que les
troupeaux causent sur leur passage.

De la volaille.

Une source de menus produits, qui ne laisse pas de
fournir quelquefois des sommes relativement importantes, est l'éducation de la volaille. Les dindons, les oies,
les canards, les pintades et les poules, lorsqu'ils sont
gras, trouvent toujours un débit certain. La vente des
œufs fournit aux métayers les moyens d'acheter les me-
nues épiceries consommmées dans le ménage.

Le soin, la nourriture, la propreté et la bonne exposition des poulaillers, contribuent puissamment à augmenter les produits de la volaille. Toutes les fois qu'on
pourra cultiver pour elle du sarrazin, de la vesce, du
maïs, on peut avoir la certitude de retrouver largement
ses avances.

Les ménagères connaissent presque toutes les procédés d'incubation par les espèces qui sont meilleures
mères, l'éducation et les soins qu'exige la jeune volaille.
Se procurer en suffisante quantité les moyens d'en nourrir un plus grand nombre, est à peu près la seule modification que nous devions signaler.

Des pigeons.

Nous ne nous occuperons que des pigeons de colombier, tant à cause de leur produit comme volaille, qu'à cause de l'engrais puissant qu'ils fournissent. Un colombier doit être construit de manière à abriter les pigeons contre les mauvaises influences des vents et de la pluie. L'ouverture doit être pratiquée du côté du levant. À l'intérieur, les murs doivent être tapissés de paniers solides et en nombre suffisant. Une échelle tournant sur un pivot, et placée au milieu du pigeonnier, doit permettre de visiter les couvées sans troubler ou effrayer les pigeonneaux.

Lorsqu'on veut peupler un colombier, on emporte d'une autre localité que celle où on les destine, de jeunes pigeons d'un an ; on les place dans le colombier, dont on a eu soin de fermer les communications au dehors : deux fois par jour, on leur apporte à manger, et on a soin de leur tenir de l'eau fraîche. Quand les pigeons sont accouplés et qu'ils couvent, on peut ouvrir les fenêtres, et on leur donne à manger hors du colombier ; quelques jours après l'éclosion des premiers petits, on pourra cesser de leur donner à manger sans craindre leur fuite, pourvu cependant qu'on ne les effraie pas et qu'on tienne le colombier nettoyé. Quoique ces animaux prennent l'habitude d'aller chercher leur nourriture dans les champs, il sera indispensable de leur donner à manger pendant les plus mauvais jours de l'hiver. Un bon colombier convenablement soigné peut donner de grands produits en pigeons et en colombine. On devra avoir soin encore de renouveler les pigeons, en enlevant chaque année une certaine quantité des plus vieux, qui, n'étant plus propres à se reproduire, ne peuvent que gêner ceux qui sont féconds.

Des bois.

Les bois peuvent être exploités de trois manières :

1° en faisant coupe nette sans aucune réserve (cette méthode est celle qui entretient les taillis dans le meilleur état.) ; 2° en laissant une certaine quantité des plus beaux brins ou baliveaux de l'essence dominante, dont le nombre ordinaire est de trente-deux à quarante par hectare ; 3° enfin, en coupant tous les dix ans les bois les plus défectueux, et laissant les plus belles tiges, de manière à conserver une futaie composée des plus beaux arbres que le sol aura produits. Cette méthode peut surtout être appliquée pour établir des réserves.

On exploite les arbres pour le bois, le charbon ou l'écorce : pour le bois, dans les localités où celui-ci vient bien et dont le produit peut être vendu pour les besoins des habitants ; pour le charbon, dans les sols qui favorisent moins la pousse, et où, par cela même, il faut couper les arbres plus jeunes ; et encore dans les contrées où l'industrie des forges demande du combustible de cette espèce, ou bien lorsqu'on veut transporter au loin le produit des bois, et que le transport est coûteux ; pour l'écorce, dans les localités où on peut la vendre.

Quelle que soit la destination des bois coupés, il est des règles dont il ne faut pas se départir : à savoir, qu'un sol qui donne une belle venue aux tiges, doit être exploité plus tard que celui où les brins, arrivés à un certain âge, ne poussent pas de manière à remplacer avec avantage le temps qu'on les laisse de plus. Dans le département, il existe une quantité de bois dont le sol ne favorise la venue que jusqu'à dix ou douze ans. Attendre vingt ou vint-cinq ans, qui est l'âge le plus convenable pour un bon taillis, ce serait s'exposer à perdre un temps que l'augmentation de la pousse ne compenserait pas, car, dans ces bois, la grosseur des brins à quinze ou seize ans n'est pas beaucoup plus considérable qu'à douze ou treize ans.

7

Les taillis qu'on exploite pour l'écorce se trouvent encore dans une catégorie de fertilité peut-être inférieure ; comme ils reposent souvent sur un fonds d'argile ferrugineuse, il n'y aurait pas d'avantage à attendre plus longtemps, d'autant mieux qu'il est plus facile d'écorcer un bois quand il est jeune. Il en est de même pour les taillis de châtaignier, qui, exploités trop tard, perdraient leur flexibilité pour les ouvrages qui exigent de la souplesse, et dont ceux qui sont employés autrement ne gagneraient pas en raison du temps que perdrait la coupe prochaine, si on dépassait le temps convenable.

Il y a des principes invariables qui régissent l'exploitation des bois, quel que soit l'âge et quelle que soit la destination du produit ; ils consistent : 1º à opérer les coupes à une époque où le bois ne pousse plus et où il ne pousse pas encore ; il y a exception pour l'écorçage, qui ne peut s'exécuter qu'alors que la sève est en mouvement ; 2º à couper à deux mains, c'est-à-dire des deux côtés de la tige, pour ne pas enlever des portions de souche en éclatant le brin ; 3º à parer la souche le plus uniment possible, afin que l'humidité, en y séjournant, ne la fasse pas pourrir ; 4º à placer les charbonnières, quand on fait du charbon, hors de la portée des souches, auxquelles leur voisinage porte préjudice, et qu'elles détruisent quand le foyer est en contact avec elles ; 5º à débarder les bois coupés et les entasser à portée des chemins, afin que le passage des animaux et des charrettes ne détruise pas les jeunes pousses si on n'enlevait le bois qu'alors que la végétation aurait commencé son cours ; 6º à rendre les bois défensables, pour les jeunes taillis, jusqu'à l'âge de six à sept ans quand la feuille est morte, et à tous les âges quand elle est verte.

Pour utiliser par la plantation un sol impropre à la culture, ou pour établir un bois ; pour repeupler et regarnir les places vides, il est nécessaire de consulter la nature des terres, afin de leur approprier les essences qui leur conviennent. La pratique a constaté que le chêne blanc, dont la croissance est plus rapide, les tiges plus nombreuses, et dont le gland est pédonculé, s'accommode très-bien d'une terre sableuse un peu humide, argilo-siliceuse et silico-argileuse ; qu'il est préférable de planter ou semer le chêne noir, plus dur, plus long dans sa croissance, et dont le gland est sessile, sur les sols calcaires.

Le charme, sauf les terres très-arides, vient bien partout et de préférence dans les sols où le chêne réussit. Très-rustique et produisant une abondante quantité de graines, il tend toujours à s'approprier et à s'établir dans les taillis aux dépens du chêne qu'il chasse peu à peu. Il est utile de veiller à cet envahissement en arrachant les pousses à mesure qu'elles s'établissent. Le charme est un excellent bois de chauffage ; mais sa croissance lente le rend peu profitable comme taillis, à moins qu'on ne le place dans les terres marécageuses avec le chêne blanc, le frêne et le saule marsault.

Le bouleau est un arbre forestier dont on pourrait utiliser les bonnes qualités pour repeupler nos taillis ; il ne gêne aucunement par ses racines, qui courent sur le sol et se contentent de peu de fertilité. Son ombrage est plus favorable que nuisible aux autres essences, et il n'est nullement incommodé du voisinage de celles-ci. Le bouleau réussit à peu près dans tous les sols marécageux ou secs ; son bois, ainsi que son écorce, servent à de nombreux usages.

Le châtaignier, comme taillis, est une des essences les plus productives ; il a la propriété de donner des pousses vigoureuses dans les sables les plus profonds, où toutes les autres essences végéteraient péniblement. Ses usages sont assez connus et ses produits très-recherchés. On s'étonne de voir tant de terres incultes, lorsqu'il serait facile, avec un peu de soin et quelques avances, de les rendre si productives.

Les pins maritimes de Corse ou laricio, pin sylvestre, peuvent être utilisés avec avantage dans les terres sableuses. Les nombreux essais faits dans le département ont résolu la question de la réussite de ces arbres, auxquels il est urgent de donner une culture plus étendue. L'avidité des cultivateurs et des propriétaires les engage à exploiter les bois de pins, alors qu'ils sont encore jeunes, pour avoir un produit à plus courte échéance. Si, au lieu du système suivi, on se contentait de jardiner les coupes à fur et mesure, non des besoins du propriétaire, mais de ceux du bois, on arriverait, en en retirant un certain profit, à établir de belles futaies de pins dont la valeur compenserait les avances faites; et si on pouvait adopter la culture du laricio, on constituerait une grande ressource pour la charpente, surtout pour celle de grande dimension. On pourrait remplacer, par ce moyen, les gros chênes, dont la quantité diminue dans une progression qui doit faire craindre leur disparition.

L'ajonc est une plante précieuse sur les sols sablo-argileux. Sa croissance est rapide, et fournit, tous les trois ans, une bonne coupe d'un combustible excellent, surtout pour les fours de boulangers, les fours à tuiles, à chaux ou à plâtre. On sème en lignes ou à la volée, à raison de 12 à 15 kilog. par hectare.

Pour établir un bois, on a recours au semis ou à la plantation. Le premier moyen est moins coûteux et préférable sous le rapport de la réussite. Les travaux à exécuter sur le sol destiné à être mis en bois, sont des labours préparatoires qui ameublissent le sol comme pour recevoir une céréale. Avec la houe à main, on trace des lignes où on place la graine. Il faut, avant cette opération, avoir semé du seigle dans le sol ainsi préparé, pour mettre autant que possible les jeunes plantes à l'abri des attaques des rats et des lapins, et encore pour les protéger contre les gelées du printemps. L'opération du semis des graines d'arbre se pratique dans le mois de février; la raie doit être tracée sur le haut du billon; les glands du chêne devront, à cause de leur grosseur, être semés en augets; les autres essences dont la graine est plus fine, peuvent être semées en lignes. Vers le mois d'avril, on donne un léger binage, et dans le courant de l'été, on dégage ces jeunes pousses des herbes qui pourraient gêner leur croissance. A l'âge de cinq ans, on recèpe indistinctement tout le taillis, dont on aura, les premières années, remplacé les manques. On peut cependant réserver les plants qui promettent de beaux arbres et les laisser à toute leur végétation. Vers la douzième ou quinzième année du taillis, on éclaircit en laissant un espace libre, à chaque souche, de 3 à 5 mètres, selon la fertilité du sol; on recèpe une seconde fois les pieds qui restent. Cinq à six ans plus tard, à l'âge de vingt ans à peu près, on fait une coupe générale, en réservant les arbres qu'on aura épargnés dans les recépages précédents. A tous les âges du taillis, on devra établir une garde vigilante et en interdire l'entrée aux bestiaux, aux moutons surtout, dont la présence paraît être nuisible à la végétation des arbres. Un bois établi avec soin et aéré avec intelligence, ne peut manquer, pour peu que le sol le favorise, de devenir un bon taillis.

Le semis de graine de pins peut se pratiquer de la

même façon, sauf qu'il ne faut pas recouvrir la graine ; il est essentiel de la laisser à nu. Les pins venant d'une seule tige et ne repoussant pas du pied, pourront être coupés et éclaircis à mesure que la circulation de l'air le rendra nécessaire. Dans les semis à la volée, il sera important de faire cette opération à la seconde ou troisième année, et à quatre ou cinq ans on éclaircira plus abondamment qu'on ne le pratique ordinairement. Faute d'air, les plantes s'étiolent, et, par leur nombre trop considérable, les tiges se nuisent réciproquement; elles montent, mais ne grossissent pas. On sème à la volée 15 kilog. de graine de pin par hectare.

DES ARBRES DE PLANTATION.

La culture des arbres en alignement ou en bordure de pièces, a une importance considérable par la valeur qu'elle contribue à donner au fonds et par l'augmentation du revenu que fournit le produit de certaines espèces. Si nous traitions complétement cette question, nous devrions entrer dans des développements considérables, car il faudrait dire les transformations que peuvent faire subir à ces végétaux le semis, la plantation, les drageons, le repiquage, le marcottage ou couchage, le bouturage par pieds entiers ou éclatés, la greffe en fente, en couronne, en approche, en flûte ou en écusson. Bornons-nous seulement à indiquer les espèces qu'on peut cultiver avec avantage, et laissons aux pépiniéristes le soin de la culture de leurs premières années.

Les arbres dont l'introduction présente le plus d'avantage pour les propriétés du Périgord, sont parmi ceux dont on recherche le bois seulement.

Le chêne, duquel nous avons déjà parlé et dont les

divers usages sont très-connus. Le nombre d'années qu'il faut à cet arbre, pour arriver à une grosseur qui le rende propre aux constructions, est trop grand pour qu'il soit avantageux de le cultiver de cette manière. Cependant, comme il est plus rustique et qu'il pourrait croître là où tout autre ne pourrait réussir, il est des cas où on pourrait utiliser sa plantation.

L'orme, dont on cultive plusieurs variétés. La meilleure, qui réussit assez bien dans les sols calcaires un peu profonds et aussi dans les terres argilo-siliceuses, est l'orme femelle, à feuilles moyennes, branches fortes, pouvant arriver à une grande élévation. Le bois est très-apprécié pour le charronnage. Les feuilles des variétés mâles, plus petites, sont très-bonnes pour la nourriture des animaux.

L'érable champêtre, sycomore, plane. —Ces trois variétés sont cultivées de la même manière; celle qui est préférable comme arbre d'alignement, est le sycomore; il est de première grandeur; son accroissement est rapide, comparativement aux autres; il aime un sol graveleux et un peu fertile; son bois est très-recherché dans les arts. Les charrons, les luthiers, les ébénistes et les armuriers l'emploient fréquemment.

Le tilleul.—Cet arbre, peu difficile sur les expositions, est très-usité en plantation d'avenue. Il aime un sol profond, substantiel et léger; son bois est très-serré et très-propre à la construction des meubles; il est aussi employé par les graveurs sur bois.

L'accacia. — La facilité avec laquelle cet arbre réussit dans les fonds de qualité médiocre, le rend précieux pour regarnir les bois et faire des plantations d'avenue dans les sols calcaires; mais ses racines traçantes sont nuisibles aux cultures qui l'avoisinent; aussi, ne faut-il le placer que loin des terres qui produisent des récoltes.

Le frêne se plaît dans les fonds des prairies et dans tous les sols un peu fertiles, pourvu qu'ils ne soient pas trop argileux. Il existe une foule de variétés de frênes. Son bois est le meilleur pour le charronnage, surtout pour les pièces longues, à cause de sa grande élasticité.

Peupliers. — Il existe un grand nombre d'espèces de peupliers; tous ont le bois blanc, plus ou moins mou. Ces arbres viennent avec plus de rapidité que les bois durs. Un peuplier, placé dans de bonnes conditions, acquerra en trente-cinq ou quarante ans un volume plus considérable qu'un arbre à bois dur dans trois fois ce temps. Les principales espèces ou variétés, sont :

Le peuplier blanc de Hollande Ypréau. — Cette espèce de peuplier a l'écorce grisâtre, lisse. Son bois a le grain plus serré et a plus de qualité que les autres peupliers. Il réussit très-bien sur les terres fertiles, quoiqu'elles ne soient pas très-humides.

Le peuplier blanc du Canada se multiplie de boutures, susceptibles d'acquérir des dimensions considérables dans un fonds humide. Son bois est employé dans la charpente, dans l'ébénisterie, pour supporter le placage.

Le peuplier noir convient dans les mêmes situations que le précédent, même dans les sols aquatiques. Il croît plus lentement, mais son bois, plus dur, a plus de qualité. Il faut l'émonder tous les trois ou quatre ans. Les moutons sont avides de ses feuilles.

Le peuplier de Virginie, dit *Caroline,* croît volontiers sur les bords des fossés, dans les fonds humides.

Son port est très-beau, son tronc est uni, sans branches latérales ; le bois est très-estimé pour la menuiserie ; pour la charpente il a moins d'élasticité.

Le saule blanc, vulgairement appelé *aubier*, croît le long des cours d'eau et dans les prairies humides. On le cultive le plus souvent en tétard pour ses barres, qu'on coupe tous les trois ans, et qui servent pour les tourneurs, à faire des cercles, des échalas, et encore à brûler. Le bois du tronc a plus de qualité que celui des peupliers, le tissu en est plus serré. On l'emploie aux mêmes usages.

Le mûrier. — Les feuilles de cet arbre forment la nourriture des vers à soie. Les animaux la mangent avec avidité. Le mûrier en ligne peut fournir une précieuse ressource pour la nourriture d'hiver des moutons.

ARBRES FRUITIERS.

Du noyer. — C'est un des arbres les plus utiles de la culture ; déjà fort répandu dans le département, il mérite de l'être encore bien davantage. Les usages du noyer sont nombreux et variés. C'est le plus précieux des bois indigènes pour la menuiserie et l'ébénisterie. Avec le brou, on fait une liqueur très-cordiale, connue sous le nom d'eau de noix ; l'amande, bonne à manger, sert à faire de l'huile dont le commerce est très-étendu, et qui a une qualité supérieure aux autres huiles pour la grosse peinture. Fraîche ou clarifiée, on l'emploie dans le ménage pour préparer des aliments. Les coques de noix sont un excellent combustible. Les tourteaux, ou pains de noix, résidus de la fabrication de l'huile, sont utilement employés à la nourriture du bétail.

Le noyer aime une terre substantielle ; il vient très-bien sur les sols calcaires dont la couche n'est pas une roche compacte. Ses racines traçantes et son ombrage sont nuisibles au succès des plantes qui viennent dans son voisinage; aussi est-il plus convenable de le placer sur les bords des pièces, le long des chemins.

Le cerisier, dont il existe un grand nombre d'espèces et de variétés, fournit un fruit dont la vente est quelquefois très-productive. Il vient bien sur tous les sols qui sont un peu fertiles et pas trop argileux.

Le pommier et *le poirier* sont plus spécialement employés dans les vergers; comme plantation en ligne, il existe des espèces plus rustiques dont on peut retirer quelque profit. Le pommier réussit mieux que le poirier dans les sols d'une profondeur moyenne; celui-ci, dont la racine est pivotante, demande un sol plus profond.

Le noisetier est peu délicat sur la nature du sol; il se plaît de préférence dans les sols légers, un peu humides. Son bois, qui acquiert rarement un grand volume, est peu employé; mais ses fruits, qui sont d'un goût très-agréable, sont fort recherchés. On retire de l'aveline, qui est une variété de cet arbrisseau, une huile douce, difficile à rancir, et qu'on emploie dans les arts; la parfumerie en fait une grande consommation.

L'amandier se plaît de préférence dans les sols calcaires, et à l'abri du nord. Ses fleurs, qui éclosent de bonne heure, sont exposées aux gelées; aussi réussit-il rarement à donner du fruit.

Le prunier. — Le produit de cet arbre est l'objet d'un commerce très-étendu. Le prunier réussit très-bien dans

les sols d'une consistance moyenne et à une exposition
qui l'abrite des vents d'ouest. La meilleure variété est le
prunier d'Agen, qu'on plante en ligne; il faut avoir soin
de travailler et fumer la terre au pied des arbres, pour
obtenir de bonnes récoltes de prunes.

Le châtaignier. — C'est par excellence l'arbre à fruit
des terres sableuses, où toute autre plante ligneuse ne
fournit qu'une maigre végétation. La culture très-répan-
due de cet arbre précieux pourrait s'étendre encore
bien plus. Le meilleur procédé de multiplication est le
semis comme nous l'avons indiqué pour le chêne, sauf
l'espacement des lignes et des augets, qu'il faut placer à
deux mètres en tout sens; à mesure que l'arbre s'élève,
on éclaircit selon l'étendue de ses rameaux, et on a soin
de remplacer les manques. Il est bon de recéper près
de terre, la première et la seconde année, pour donner
plus de force à la racine. Dès la quatrième ou cinquième
année, on greffe le plant avec la meilleure espèce de châtaignes ou de marrons. Ceux-ci sont plus appréciés et ont
un goût plus succulent. Ce fruit sert en grande partie de
nourriture d'hiver aux métayers. On les fait sécher
pour les mieux conserver et les donner aux cochons ou
autres animaux, qui en sont très-avides. La cupidité ou
le besoin d'argent ont engagé beaucoup de propriétaires
à arracher de beaux châtaigniers pour en vendre le bois,
qui, bien que peu propre au chauffage, a quelque valeur
pour la carbonisation. Il serait utile et à désirer que
l'autorité pût prendre des mesures pour arrêter ces actes
de vandalisme, ou tout au moins forcer ces propriétaires à replanter.

Procédé pour la plantation des arbres.

Il faut autant que possible faire choix des meilleures

espèces d'arbres, veiller à ce que l'arrachage des plants
se fasse sans trop altérer les racines, et surtout le che-
velu. Comme on plante en automne et dans tout le courant de l'hiver, avoir soin que le plant arraché ne soit
pas exposé à la gelée ; on doit choisir les sujets les plus
vigoureux et les plus droits, alors même qu'on devrait
les payer un peu plus cher ; leur reprise étant plus assurée, compense bien la différence du prix, car les frais de
plantation sont les mêmes pour un plant qui a de l'avenir que pour celui qui est d'une constitution souffre-
teuse. Pour le lieu où ces arbres doivent être plantés, le
trou doit être fait quelques semaines à l'avance, afin de
laisser à la terre placée sur les bords le temps de s'a-
méliorer sous l'influence des agents atmosphériques. La
profondeur de la jauge qui doit recevoir le jeune plant
doit être au moins de 80 centimètres, sur une surface de
1 mètre carré. Au moment de la plantation, on remplit
ces trous aux trois cinquièmes environ, avec la terre qui
en a été antérieurement retirée. Après avoir rafraichi le
bout des racines cassées, avec le sécateur ou tout autre
instrument tranchant, on place la souche de l'arbre sur
le milieu du trou, dans une position aussi verticale que
possible. Au moyen de la houe ou de la pelle, on ra-
masse, si c'est possible, un peu de terre végétale, qu'on
place au-dessus des racines ; on remplit le reste du vide,
en ayant soin de presser la terre autour de l'arbre, de
manière à le fixer dans le sol avec plus de solidité. Il est
encore nécessaire de secouer le plant, pour que la terre
placée sur les racines puisse mieux se loger entre elles et
qu'il ne reste pas de vide. Lorsqu'on fait une plantation,
il serait bon de se procurer des curures de fossés, ou autre terre végétale, meuble, qu'on met sur les racines.
Cette sorte d'amendement favorise beaucoup la reprise
des plants.

Il est très-urgent d'ouvrir des jauges d'une certaine dimension, par le motif que les jeunes racines, trop faibles pour s'insinuer dans un sol bien ferme, sont plus exposées à la sécheresse et que leur accroissement est plus long. Il est encore important d'ouvrir ces jauges quelques semaines avant la plantation, par le motif que la terre, étant plus meuble et plus désagrégée, garnit mieux tous les intervalles des racines, et que les spongioles ont plus d'action sur cette terre ameublie que sur celle qui, travaillée au moment de la plantation, le serait à coup sûr beaucoup moins. Toutes ces conditions fournissent à l'arbre les moyens de mieux profiter de l'humidité et de résister davantage à la sécheresse. Quelques praticiens conseillent en outre de percer le fond de la jauge avec une tarière dans les angles et au milieu du trou, pour que les racines viennent s'y loger.

Lorsque la plantation est faite, il faut placer des tuteurs auprès des jeunes arbres, pour les soutenir contre les vents. Ces tuteurs doivent arriver aux deux tiers de la hauteur du plant, et être solidement fixés dans le sol. Pour qu'ils ne soient pas exposés à pourrir, on les carbonise au feu à la hauteur qui doit pénétrer dans le sol. On attache les arbres aux tuteurs, de manière que le lien ou le bois de ces derniers ne puissent endommager l'écorce de l'arbre. On doit avoir soin de bêcher ou sarcler le pied du plant deux fois chaque année, au commencement du printemps et dans les premiers jours du mois d'août. Pour qu'une plantation réussisse bien et plus promptement, il serait bon de tenir toujours sarclé le sol qui recouvre les racines des arbres. Les herbes nuisent toujours plus ou moins à leur végétation. La culture du sainfoin au pied des arbres les fait périr très-souvent.

Il serait bon de n'élaguer les jeunes arbres qu'à la

troisième année de leur plantation. Les branches latérales opposent un obstacle aux insectes qui pourraient attaquer le bout des tiges, et favorisent encore le grossis-
sement de celles-ci, tandis que quand on émonde, le
plant s'élance davantage.

De l'oseraie.

La meilleure position pour établir une oseraie, est le
fond d'une pièce humide dont le sol est gras et limo-
neux. Il est utile qu'on puisse l'arroser de temps à autre
par submersion ou irrigation. On doit défoncer le sol à
la charrue ou à la bêche ; cette opération se pratique en
automne. Au mois de février ou mars, on plante des boutures d'osier, longues de 45 à 50 centimètres, au moyen
du plantoir ; le plant est enfoncé dans le sol jusqu'aux
deux tiers de sa longueur. Deux à trois binages sont
utiles les premières années, un seul suffit pour les autres.
La première année, les brindilles qui poussent n'ont aucune valeur ; la seconde année, elles peuvent être utiles
pour attacher la vigne, les espaliers, etc. Si on coupe
ces brindilles avec soin au niveau du tronc, celui-ci se
forme bien, et dès la troisième année, l'oseraie donne
des produits qui vont toujours en augmentant.

On coupe l'osier en février, quand on le cultive pour
la vente. Alors, les brins sont plus forts ; cette coupe se
fait, avec une serpe bien tranchante, à quelques millimètres du tronc.

Les usages de l'osier sont très-nombreux et très-utiles. L'osier jaune est employé par les tonneliers, refendu
en deux ou trois brins. L'osier rouge et l'osier jaune
sont employés pour faire des paniers, des corbeilles,
des claies, des hottes, etc. Pour le jardin et pour la vigne, on en fait aussi une grande consommation. L'osier

blanc, plus fin et qui ne se ramifie pas comme les précédents, est employé par les vanniers; pour cet usage, on
enlève l'écorce.

De la vigne.

La culture de la vigne offre des ressources d'autant
plus avantageuses, que les terres qui lui conviennent le
mieux sont précisément celles où toute autre culture donnerait de faibles résultats. Il est fâcheux que le manque
d'avances, et la vigne en exige beaucoup, surtout pour
être établie dans une situation convenable, et les difficultés de communication, obligent, en restreignant sa
culture, à laisser improductives des terres qu'on pourrait utiliser avec profit par ce moyen.

L'exposition est une condition rigoureuse pour la qualité ; on donne la préférence, dans les crus estimés, aux
coteaux exposés au midi, au levant et au nord ; il est
essentiel toujours que le terrain ait une inclinaison à
l'horizon de l'un de ces trois points. Le choix de ces expositions doit aussi être basé sur l'aspect et la configuration des contrées, car dans certaines, l'exposition au
nord, qui au premier abord peut paraître peu convenable, est cependant celle qu'on préfère ; en effet, si la
vigne, dont le froid est un des plus cruels ennemis, a
plus à redouter les accidents que celui-ci occasionne
placée à cette exposition, il peut y avoir pour avantage
que le vent du nord, étant très-sec, dégage la vigne de
l'humidité, qui ne lui est pas moins nuisible, et affaiblit
l'influence fâcheuse des brouillards. On aura donc à consulter, pour l'établissement d'une vigne, les plantations
qui réussissent le mieux dans la contrée à l'une ou l'autre de ces expositions. Les lieux bas et humides sont
très-contraires à la vigne ; les plaines peuvent fournir

d'abondants produits, mais de peu de qualité. Généralement, le midi et le levant sont les expositions les plus convenables.

La nature du sol a aussi une grande influence sur la quantité et la qualité de la vigne. Ceux qui fournissent les meilleurs crus, sont ordinairement calcaires, graveleux, crayeux ou schisteux. Ceux qui fournissent en quantité, sont les sols silico-argileux à sous-sols perméables.

Lorsque le choix de l'exposition et du sol sont arrêtés, on doit, si la couche arable n'est pas assez profonde (50 à 52 centimètres), procéder au défoncement, opération qu'on exécute avec la charrue ou à bras d'hommes. Le sol étant préparé, il faut s'occuper du cépage, et c'est ici le point le plus important. Indiquer le nom des variétés de raisin qui conviennent le mieux dans l'un ou l'autre cas, serait inutile, car d'un canton à l'autre, chaque espèce change de nom. On peut opérer avec plus de certitude, en faisant son choix sur la réputation de certains vignobles qu'on a à sa portée.

On coupe le sarment destiné à être planté au moment ou avant la taille ordinaire ; on en fait des bottes, que l'on enfouit à 50 centim. de profondeur, dans un sol meuble et frais, et non dans l'eau, qui peut à la longue faire pourrir les bourgeons immergés. Lorsque le sol est prêt, on plante en février ou mars au plus tard ; au moyen du levier en fer, on pratique des trous, dans lesquels on place le sarment, et on comble ces trous avec de la terre meuble. Un autre procédé plus coûteux, mais aussi plus certain, consiste à ouvrir des tranchées de 80 centim. de large, profondes de 40 centim., dans le fond desquelles on place de la bruyère à une épaisseur de 16 centim. environ. On met sur ce premier lit une couche de terre de 8 à 10 centim. ; on y place le plan incliné ou droit, mais toujours dans une même ligne, et on comble le fossé; la bruyère, en se décomposant, fournit au plant une chaleur douce et humide, qui favorise l'enracinement, et plus tard la végétation. La distance à mettre entre les rangs, est de 2 mètres pour les vignes labourées par les bœufs, et de 1 mètre quand elles sont travaillées par les hommes; dans les deux cas, la distance des pieds dans la même ligne est de 1 mètre. Une autre méthode de plantation est de planter à marcottes, avec des sarments d'un ou deux ans, arrachés à mesure qu'on plante. Ce procédé, très-recommandable quant à la réussite du plant, a l'inconvénient de coûter fort cher et de ne fournir qu'un certain nombre de variétés, d'autant plus que les plants fins sont ceux qu'on marcotte le moins.

Pour entretenir la jeune plantation, il est indispensable de tenir le sol bien nettoyé des mauvaises herbes; de bêcher ou labourer en temps utile et lorsque le terrain est plutôt sec qu'humide; de biner plutôt humide que sec, et de tenir le jeune plant bien chaussé. Il faut encore soutenir les jeunes pousses avec des échalas, renouveler les plants morts, et tailler à la seconde année les ceps les plus vigoureux.

L'entretien des plants ou le renouvellement de la vigne, s'opère de plusieurs manières : 1° par le provignage, qui consiste à coucher un bois de sarment le mieux constitué dans une petite fosse voisine du pied-mère, et qu'on coupe pour le laisser en place quand sa reprise est assurée; 2° par le couchage, qui consiste à défoncer le sol autour de la souche qu'on veut coucher, à renverser celle-ci dans cette jauge, et à diriger les sarments dans le sens des manques qu'on veut repeupler. Dans cette opération, on doit avoir soin de plier en cercle le brin qui sort directement au-dessus du pied-mère, pour que

8

la trop grande vigueur que cette position lui donnerait
ne soit pas au préjudice des deux ou trois autres. Ce procédé, qui a pour lui l'expérience, est un excellent moyen
pour renouveler les vieilles vignes; 5° en prenant, au
bout de deux ans, les pousses provenant du couchage
les couper auprès du pied, déblayer le sol jusqu'aux
plus grosses racines, et remettre ces marcottes à la même
place, ou les changer en les remplaçant par d'autres.

De la taille. — On est loin d'être d'accord sur l'époque la plus convenable; les uns taillent à l'automne
avant la Noël, d'autres attendent au printemps, et cela
est pratiqué contradictoirement par des propriétaires
voisins les uns des autres, sans qu'aucun d'eux se
plaigne de sa méthode. Notre expérience n'a pas con-
firmé les craintes de quelques cultivateurs, que la taille
hâtive n'expose le bourgeon dont la pousse peut être pré-
maturée aux gelées tardives; mais nous avons reconnu
que la vigne taillée de bonne heure, donnait plus de
bois et moins de fruit que celle qui était taillée tard. D'où
il faut conclure que lorsqu'on peut choisir le moment de
la taille, il vaut mieux la pratiquer au printemps.

Le nombre d'œuvres et le nombre d'yeux à laisser sur
l'œuvre, sont en raison de la vigueur du cep et selon
qu'on a besoin de favoriser la production du bois ou du
fruit. Cette opération est pratiquée avec le sécateur ou
avec la serpette. Ce dernier outil est préférable pour la
bonne exécution, car il ne mâche pas autant le bois; le
sécateur avance plus vite le travail : on doit, quand on
l'emploie, placer le côté tranchant en dessous, pour ne
pas offenser l'œil; il faut encore laisser un plus long intervalle entre l'œil et le point de section qu'avec la serpette, qui ne meurtrit pas le bois. On doit bien nettoyer
le cep de tous les brins inutiles, et enlever le bois mort.

On laboure ou on bêche la vigne dans le mois de mars, avec des animaux ou à bras d'homme. Pour que cette opération soit faite dans les conditions convenables, il faut que la terre soit bien ressuyée; car trop humide, on pourrait la gâter pour longtemps. Avec le labourage, on fait nettoyer les portions que la charrue ne peut atteindre, par des hommes munis de pioches à deux dents dans les sols caillouteux, et de houes à main dans les sols siliceux ou argileux; il est nécessaire que le pied soit bien nettoyé pour faciliter plus tard les moyens d'enlever les pousses qui sortent du pied du cep. Lorsque ce travail est terminé, on commence ceux de l'entretien, en plantant les échalas, en enlevant les pampres inutiles, la mousse ou le lichen qui recouvre les ceps et les fatiguent; c'est aussi dans l'intervalle des deux labours qu'on place les terreaux, les engrais. On referme la vigne vers la fin de mai; un temps humide est assez convenable pour cette façon, surtout si la première a été donnée en temps sec; on n'a pas à redouter pour les sols pierreux l'excès d'humidité. C'est avant cette façon qu'on attache la vigne.

Les engrais végétaux conviennent mieux à la vigne que les engrais animaux ou les fumiers, qui communiquent au vin un goût peu agréable. Parmi les végétaux, ceux qui conviennent le mieux, sont : les varechs, les plantes aquatiques, les fèves, le lupin. Parmi les minéraux : le plâtre, les cendres pyriteuses; le sarment lui-même est un excellent moyen de donner de la vigueur à la vigne : les substances contenant de la potasse et de la soude favorisent la végétation de la vigne, et le sarment en contient beaucoup. Pour l'employer à cet usage, on coupe, aussitôt la taille terminée, le sarment par petits morceaux de 8 à 10 centim., avec une serpe ou un couperet; on creuse autour du cep, on place deux à trois

poignées de ces morceaux, et on recouvre : le sarmer
étant encore rempli de sève, fermente et se décompos
assez vite pour que les substances utiles à la végétatio
aient le temps de se dissoudre avant l'époque des la
bours. Cette opération serait plus facile avec la tail
hâtive. Nous conseillons ce procédé de fumure aux vi
gnerons; après deux ou trois années de l'emploi de cett
méthode, leurs vignes changeront d'aspect, et le fruit
plus abondant, ne perdra rien de sa qualité.

Vendanges. — Dans certaines contrées, nul ne peu
vendanger, si sa vigne n'est entièrement close, avan
la publication des bans de vendange. Quelle que so
l'époque que les prud'hommes fixent, il est urgent d
ne point vendanger trop tôt, si on ne veut pas nuire
la qualité du vin. La maturité du raisin, combinée ave
le choix du cépage, est une condition des plus essen
tielles pour produire de bon vin. La manière de cueilli
le fruit est assez connue, pour qu'il soit inutile d'en parle
ici; nous ferons observer seulement qu'il est utile d'or
ganiser, autant que possible, le nombre des porteurs d
vendange avec celui des vendangeurs, afin que le ser
vice soit fait de telle sorte qu'il ne résulte pas d'encom
brement, ce qui entraîne une perte de temps d'autan
plus considérable que le vignoble est plus grand, e
qu'une heure perdue peut obliger à renvoyer au lende
main, qui peut être un jour moins favorable, le travai
qu'on aurait pu faire la veille.

Fabrication du vin. — Si le choix du cépage, la natur
et l'exposition du sol influent sur la qualité du vin, sa
fabrication est aussi à cet égard d'une grande importance.

Les principes contenus dans la vendange sont : 1º l'eau,
qui en forme la partie la plus considérable; 2º la matière
sucrée, qui constitue l'esprit de vin ou alcool par la fer-

mentation : le plus ou moins d'abondance de cette matière rend le vin plus ou moins généreux ; 5° un peu de
matière sucrée peu soluble ; 4° des sels à base de potasse,
principalement le tartre , tartrate ou tartrate acide de
potasse : cette matière, en proportion convenable, contribue à donner au vin une saveur agréable ; 5° une huile
essentielle, qui fournit un parfum variable selon les localités, et qui sert à distinguer les crus les uns des autres ; 6° une matière âpre et astringente, produite principalement par la grappe ou les pepins, qui , en modifiant
la saveur du vin, contribue essentiellement à sa conservation ; 7° une matière colorante, fournie par les péli-
cules du raisin ; 8° du gaz acide carbonique, dont une
grande partie se dégage par la fermentation ; il en reste
une petite portion combinée avec la liqueur. Cette combinaison, où l'on peut faire entrer par la fabrication une
partie plus considérable d'acide carbonique, constitue
les vins mousseux : les vins blancs jouissent plus particulièrement de cette propriété.

La bonne qualité du vin, pour la saveur et la conservation, dépend de la juste proportion dans laquelle ces
substances se trouvent combinées ; les procédés qu'on
suit dans sa préparation influent beaucoup sur cette
proportion ; on peut encore la modifier par l'addition de
quelqu'une de ces substances.

Égrappage. — On égrappe pour diminuer le principe
âpre et donner au vin un goût plus agréable ; on doit
faire attention à ne pas porter à l'excès cette pratique,
car ce principe astringent est utile dans une certaine
proportion, pour donner au vin de la saveur et aider à
sa conservation : sans son secours, le vin passerait à la
fermentation acide et à des altérations plus nuisibles
encore. Il est impossible de déterminer d'une manière
précise la dose de l'égrappage ; dans une même vigne,

les saisons ont une grande influence : si les cépages fins ont peu fourni, il faut enlever plus de grappes; dans le cas opposé, il faut les laisser en plus grandes proportions; la maturité des graines, les circonstances atmosphériques qui y ont contribué, sont autant de causes qui peuvent modifier cette opération. La seule règle générale qu'on puisse poser, c'est que pour les vins destinés à une consommation prochaine, on peut égrapper au tiers ou au quart, et que pour ceux qu'on veut conserver, il est utile d'enlever moins ou pas du tout de grappes.

Foulage. — On écrase le raisin à la main, avec les pieds, ou en faisant passer la vendange entre deux cylindres; cette opération est nécessaire pour que la fermentation marche avec régularité; la pulpe du raisin étant écrasée, la fermentation dissout mieux le principe colorant de l'enveloppe. Le foulage doit se faire à mesure que l'on coupe le raisin et avant de mettre la vendange en cuve. Dans quelques cantons, les propriétaires ont la coutume de ne fouler la vendange que lorsque la fermentation a commencé, pour que le vin soit plus coloré. Comme pour atteindre ce but, il faut exécuter l'opération alors que la fermentation est avancée, on s'expose à déplacer l'acide carbonique qui abrite le chapeau de la vendange du contact de l'air, et il se dégage de l'alcool, dont le manque doit nuire à la qualité du vin.

Dans les climats froids ou dans les années peu favorables à la maturité du raisin, celui-ci manque de principe sucré. Au moyen de l'aréomètre de Baumé, on peut juger du degré du moût; le degré moyen pour faire de bon vin étant 12 à 14°, on peut établir, par la différence qu'on trouve dans celui qu'on éprouve, la quantité de sucre à ajouter. Comme il faut une quantité de sucre très-considérable pour obtenir 1 ou 2 degrés de plus, il est douteux que le prix de cette opération ne dépassât pas la plus-value que le vin acquerrait, car il faut au moins 3 à 4 kilog. de sucre par hectolitre. Les matières sucrées qui conviennent le mieux à cause du prix, sont le sirop de raisin et le sirop de fécule de pommes de terre.

L'expérience a démontré qu'il était utile de couvrir les cuves, sans pour cela qu'il fût nécessaire de le faire hermétiquement; le but qu'il faut atteindre est de ne pas déplacer la couche d'acide carbonique, qui, plus pesant que l'air, reste sur le chapeau de la vendange tant qu'aucune cause ne vient l'en chasser. Cette couche s'oppose à l'action de l'air, qui pourrait apporter dans la masse un principe acide, dont l'effet se produit plus tard dans le vin, à un temps plus ou moins rapproché.

Décuvage. — Dans les cuves couvertes, on peut laisser le vin sans danger jusqu'au moment où la fermentation sera achevée, surtout si l'on veut obtenir des vins très-colorés et susceptibles de se bien conserver. C'est dans la dernière fermentation que la matière colorante se dissout plus complétement, ainsi que le principe âpre; car c'est l'alcool qui opère surtout cette dissolution, et d'autant plus que toute la quantité qu'en contenait le moût est bien formée. Il n'y a pas d'inconvénient à décuver trop tôt, pourvu que le vin soit limpide; sa fermentation se terminera aussi bien dans le fût que dans la cuve.

Du jardin potager.

Rien n'est plus négligé, dans nos métairies, que la culture du jardin potager; cependant, les services qu'il peut rendre à la famille, les aliments qu'il fournit au ménage, méritent d'être pris en considération; d'ailleurs, le peu d'étendue de terrain que l'établissement du jardin exige, le travail qu'on peut y exécuter aux heures perdues, n'obligent pas à de grandes avances; et sauf les forts travaux, qui sont peu nombreux, le soin peut en être confié à la métayère ou à ses enfants.

On choisit, pour le jardin potager, le sol qui se trouve le mieux à portée des soins, d'ordinaire auprès des bâtiments. La nature du sol a une très-grande influence sur la qualité et les espèces de produit; mais comme sa contenance est très-petite, il est facile de l'amender pour le rendre propre aux usages qu'on attend de lui. Dans les amendements de terres, nous avons exposé les principes de ces travaux, dont l'application ne varie pas pour le jardin. Une terre douce, fraîche, profonde, est celle qui est le plus convenable. On doit tenir le potager à l'abri de la volaille et des animaux.

Il faut se garder de planter des arbres dans le jardin; leur ombrage serait nuisible aux plantes; on doit leur réserver un endroit à part, et qu'on nomme verger, si ce sont des arbres à fruit qu'on veut cultiver spécialement.

Nous ne reviendrons pas sur ce que nous avons dit sur les plantes, car le principe qui les régit peut aussi s'appliquer au jardin; nous nous bornerons à indiquer les principales et celles qui sont le plus usuelles dans la culture pour les besoins du ménage.

Pour procéder avec méthode, le travail du potager doit être organisé comme la grande culture pour la succession des plantes, c'est-à-dire qu'il est nécessaire de leur attribuer un assolement. Telle plante éprouve moins d'inconvénient de sa culture sur fumier, s'imprègne moins de sa saveur désagréable, et telle autre, placée sur une fumure, donne un produit détestable au goût. La facilité que chaque culture offre pour le sarclage et le nettoiement du sol, ne mérite pas une moindre attention. Il faudra encore éviter avec soin de faire revenir les mêmes végétaux, sans intervalle, sur le même sol; ainsi, le jardin étant divisé en carrés séparés par des

allées qui servent de passage sans dégrader la culture,
on plante sur la fumure, des choux qui se trouvent très-
bien dans cette situation; à la suite de ceux-ci, on place
les carottes, les haricots et les ognons, qui s'accommo-
dent mieux d'une fumure de l'année qui précède leur
semis; enfin, les pois, les aulx et les échalottes sont
mieux placés dans les parties anciennement fumées,
pourvu cependant que le terrain soit naturellement fertile. Ces trois cultures forment l'assolement. Sur la dernière, on recommence par les choux fumés, etc. On a
aussi un carré en réserve pour les plantes vivaces, qui
durent plusieurs années dans le même sol, comme la
scorsonère, les asperges, les artichauts, etc.

Le jardin potager offre d'autant plus de ressources
que ses produits sont plus continus et plus variés. Le
cultivateur doit donc avoir soin de se procurer les graines de plusieurs variétés de choux pour en avoir à sa
disposition, pour son ménage, et quelquefois pour la
vente; il en est de même pour les pois, haricots, salades, etc. Nous donnerions volontiers la nomenclature
des diverses espèces ou variétés de chacun des végétaux
qu'on peut utilement cultiver dans un potager; mais
cela exigerait un développement auquel nous ne pouvons
donner place ici.

Des bâtiments.

La construction des habitations, granges, étables, écuries, greniers, joue un rôle très-important dans ses rapports avec la culture. Quoique les terres soient bien cultivées, et les récoltes abondantes, leur valeur se trouve
bien modifiée si le cultivateur est logé de manière à
ne pouvoir surveiller avec soin toutes les parties de son
exploitation, et si les granges n'abritent pas convenablement ses fourrages et s'opposent, par leur construc-

tion, à un service actif. Les greniers mal solés, donnant passage aux animaux ennemis de son grain, n'en favorisent pas la conservation. Les étables ou les écuries mal construites, peu commodes, pouvant occasionner des maladies aux animaux ou multipliant le service par leur mauvaise disposition, sont autant de causes qui viennent amoindrir le profit.

Comme construire et rebâtir sont toujours des opérations très-coûteuses qui n'augmentent pas le revenu en raison des avances, il est préférable de distribuer les bâtiments dont on dispose, de telle façon que : 1º le bétail soit convenablement abrité ; 2º que l'air des étables puisse être renouvelé et entraîner au dehors les miasmes malsains que produisent la transpiration, la respiration ou le dégagement qui provient de la fermentation des matières nutritives et fécales ; 5º que la distribution des loges soit organisée de telle sorte que les animaux ne se gênent pas mutuellement ; 4º que la distribution des aliments puisse s'opérer activement ; 5º que l'on puisse atteler les animaux de travail sans perte de temps ; 6º pour les moutons et les cochons, que l'aire des étables soit sèche et que l'air y circule très-librement. Enfermer hermétiquement ces animaux, les moutons surtout, c'est manquer aux règles hygiéniques.

Il est difficile d'indiquer ici les plans des bâtiments d'exploitation. Nous nous bornerons à signaler seulement les dispositions les plus convenables et les moyens de construire selon les besoins de l'exploitation, ainsi que la manière d'établir un devis du prix présumable d'une construction.

En général, les bâtiments dont une seule surface groupe toutes les divisions qui font partie de l'exploitation, sont reconnus pour être les mieux disposés. De cette manière, en effet, le cultivateur peut, sans avoir à traverser

des cours ou des jardins, visiter à tout instant ses étables, ses granges, son chai, son cellier et ses greniers.
Si un secours est nécessaire à l'un ou l'autre de ces divers endroits, il est plus vite indiqué et plus tôt administré ; enfin, la surveillance y est bien plus facile.

Lorsqu'on se décide à faire bâtir, il est nécessaire
d'avoir en vue la destination de toutes les parties des bâtiments. Chacune d'elles doit recevoir, dans le plan de
construction, l'étendue nécessaire au service prévu qu'on
veut lui attribuer. La distribution, l'exposition et la facilité de communication, ne devront pas être négligées.
Ces conditions remplies et le plan adopté, on procédera
au devis, c'est-à-dire à l'évaluation des matériaux, de
leur transport, du coût de la main-d'œuvre, et on fera
la somme totale pour être bien fixé sur ses ressources.
Si on n'avait pas les fonds suffisants, il vaudrait mieux
laisser une portion à construire que de raccourcir les
proportions : il en résulterait, en agissant ainsi, que,
plus tard, si on voulait agrandir, on n'aurait qu'une
construction décousue, incommode, et qui ne remplirait
pas le but qu'on voulait atteindre dès l'abord.

Pour établir un devis, on procède en évaluant : 1º la
surface que le bâtiment devra occuper et sa valeur relative ; 2º le nombre de mètres cubes de terre, roc ou
pierre qu'il faudra déplacer pour ouvrir les fondements ;
3º la quantité de pierre, moellon, bloc, tuiles ou terre,
selon l'espèce, dont on fera les murs, en nombre de
mètres cubes (ce calcul reposera sur la hauteur, la largeur et l'épaisseur des murs, et aussi sur le nombre
d'ouvertures) ; 4º la quantité en mètres cubes ou en
nombre des pièces de bois (poutres, poutrelles, solives
ou soliveaux, chevrons, pannes, poinçons, jambes ou
jambettes de force, arbalétriers, sablières, entraits ou
faux-entraits, et faîtages) ; 5º le nombre de mètres de

surface de planches pour les planchers, en tenant compte du déchet pour les assemblages; 6° le nombre de portes, fenêtres, demi-lunes, pour lesquelles il faudra des vantaux, des volets, des châssis et des verres à vitres; 7° la surface du toit, afin de connaître la quantité de tuiles, ardoises, plomb ou zinc, pour recouvrir le bâtiment, et aussi pour déterminer le nombre de fagots de lattes ou la quantité de postille qu'il faudra placer sur les chevrons pour soutenir la couverture; 8° le poids des ferrures des vantaux, volets et châssis; celui des clous ou pointes nécessaires pour fixer les planches et le lattage; 9° la surface à crépir ou à blanchir.

En procédant ainsi, et avec la connaissance des prix de chaque opération dans la contrée, il sera facile d'établir, à peu de variation près, la somme nécessaire pour une construction.

CONSERVATION DES PRODUITS DE LA RÉCOLTE.

Le blé. — Quand du sol on le transporte dans les greniers, il doit être étendu en couches minces d'abord, pour que la dessiccation puisse s'opérer complétement. Il est utile de le nettoyer le plus tôt possible, afin de le dégager des matières qui pourraient nuire à sa qualité et même favoriser l'humidité. Il faut remuer souvent le blé quand il n'est pas bien sec ou que le grenier n'est pas bien aéré. L'entretien bien entendu du blé, dans les bâtiments, est le seul remède qu'on ait trouvé pour le mettre à l'abri du charançon. Les rats et les souris détruisent beaucoup de grains; il est donc essentiel de boucher toutes les issues et de garnir les fenêtres avec un treillage épais. Les autres céréales sont moins délicates que le blé, dont la valeur diminue pour le commerce; dans une assez forte proportion, si au toucher il ne glisse pas dans la main, ou bien encore s'il a une odeur, si faible qu'elle soit, de moisissure ou d'humidité.

Les fourrages se conservent dans les granges ou en meules au dehors. Dans les granges, il suffit de les rentrer bien secs et de les presser autant que possible pour qu'il ne se forme pas des chambres où ils pourraient moisir par la fermentation qui s'opère toujours. Quant aux meules, il faut, pour que le fourrage s'y conserve, qu'elles soient bien construites, et que celui-ci soit également étendu et pressé. Avec un peu d'habitude, il sera très-facile de construire ces meules, qui dispenseront d'un local vaste et coûteux à établir. Quand on construit une meule, on met sur l'emplacement qu'elle doit occuper, des branchages ou toute autre matière qui s'interpose entre le sol et le fourrage. La surface du premier lit doit être sensiblement moindre que celle des couches supérieures, de manière que les bords de la meule, aux deux tiers de sa hauteur, viennent tomber en aplomb à 50 ou 60 centimètres sur tous ses côtés, au delà de l'emplacement. A cette hauteur, on fait déprimer les couches, de telle sorte que cette partie puisse se terminer en toit. Sa hauteur doit être de la moitié de celle des couches inférieures, ou le tiers de la totalité. Pour terminer la meule, on met de la paille ou de la bruyère qui empêche l'humidité de pénétrer le tas. Aux bords supérieurs de la meule, on fixe, au moyen de piquets, une corde de paille ou de bruyère, d'un diamètre de 50 centimètres, qui entoure la meule ; par dessus, on fait avancer la bruyère qui doit servir de chapeau. La pente, depuis le faîte jusqu'au bord, doit être droite et plutôt bombée que creuse. Le fourrage, ainsi entassé, doit être placé par lits sur toute la surface, tassé à proportion et régulièrement ; il faut éviter qu'il soit en peloton, le bien étaler et n'en pas placer une trop grande quantité à

la fois sur un point quelconque. Les meules ainsi construites, résistent pendant plusieurs années aux plus fortes pluies ; le fourrage s'y conserve très-bien, et lors
même qu'il ne serait pas très-sec, la fermentation y est
moins à craindre que dans les granges. Pour éviter que
le vent ne démolisse le chapeau ou la meule, on place
par-dessus des cordes en paille ou des liens de gerbes
attachés ensemble, qu'on fixe avec des piquets au bas
du tas. Lorsqu'il a plu quelques jours, le tas s'affaisse
et devient très-solide.

Les racines, quand on en a en grande quantité, sont
très-encombrantes et très-exposées à être gâtées, si on
ne les a pas récoltées en temps sec. On a rarement des
locaux disposés pour les loger; pour les abriter, on peut
construire des silos auprès des bâtiments, ce qui est
plus commode, ou auprès des pièces où on les a récoltées, ce qui permet un travail plus rapide. La manière
d'établir à peu de frais des silos, consiste : 1º à placer
en corde les racines entassées avec soin ; 2º à couvrir
avec des tiges de maïs, de la paille, de la bruyère ou des
fanes sèches de pomme de terre, en épaisseur suffisante
pour empêcher l'eau de les pénétrer ; 3º tout le long du
tas, et des deux côtés, on ouvre un fossé qui sert à
assainir la surface occupée par les racines et à recouvrir la couche de végétaux. On peut encore ouvrir une
tranchée dans laquelle on place les racines, qu'on recouvre de la même manière ; on doit avoir soin de
pratiquer des deux côtés un fossé plus profond que la
jauge où sont logées les racines. La couverture doit être
faite en forme de toit, et la pente arriver jusqu'aux fossés latéraux. Comme les racines pourraient fermenter,
on pratique, pour donner de l'air, des cheminées à 5
mètres environ de distance, sur le bord supérieur ou
faîte du silo. Ces cheminées peuvent se construire au

moyen de deux tuiles créusés opposées par léurs bords ,
de manière à former un tube.

Lorsque les racines se gâtent, il se produit un affais-
sement du silo, qu'il faut avoir soin de démolir pour
enlever celles qui sont en décomposition. On doit visiter
ces silos de temps à autre, et employer les premières
les racines dont la conservation est douteuse.

PHYSIOLOGIE.

Il nous a paru à propos de placer à la fin de l'étude
des principes d'agriculture un aperçu rapide de la science
qui traite des fonctions des organes, pour mieux faire
comprendre aux cultivateurs l'importance des aliments
chez les animaux, et des engrais chez les végétaux.

Pour les animaux, les aliments, après qu'ils ont été
mâchés, sont ingérés dans l'estomac. On comprend que
plus la mastication est parfaite, plus les aliments sont divisés, et par conséquent plus l'assimilation est facile ; la
digestion se fait d'autant mieux à l'état normal, que
cette dernière condition est bien remplie ; et que la quantité ingérée n'est pas au-dessus de la force ou de la capacité de l'estomac ; car autrement il y aurait indiges-
tion. Il faut donc conclure de là, que les animaux très-
jeunes ont besoin d'une nourriture facile à triturer, et que
ceux dont les dents manquent pour cause de vieillesse,
doivent mettre plus longtemps à prendre leur repas.

Les aliments arrivent dans l'estomac sans avoir subi
d'autre modification que celle d'être divisés. C'est dans
ce viscère que s'accomplit la transformation, et d'où par-
tent les nouvelles substances produites par son action,
pour aller porter la vie dans tous les organes. Le résidu

ou les matières non assimilables expulsées au dehors
et mélangées avec les mucosités, viennent former le fumier. La conséquence naturelle à tirer de ces faits, c'est
que plus les aliments sont substantiels et toniques, plus
les organes acquièrent d'énergie. Par une quantité au-
dessus de la dose d'entretien, les tissus se développent;
alors, l'animal acquiert plus de chair ou plus de graisse.
Il faut observer aussi, que, pour favoriser ce développement, il est nécessaire de fournir une nourriture dont la
composition soit en rapport avec les fonctions de chaque
organe. Si on donnait des substances très-riches sous un
petit volume, l'estomac n'étant pas suffisamment rempli, éprouverait un dérangement morbide aussitôt que
ce volume de nourriture se trouverait augmenté. Il faut
donc ajouter aux substances seules propres à la nutrition, d'autres substances qui lestent l'estomac, et qui
servent de véhicule aux premières pour les transporter
dans tous les tissus du système.

Ainsi, c'est l'estomac qui est le foyer de la vie. C'est
sur cet organe qu'il faut compter pour développer les
forces des animaux, en augmenter les muscles et le
tissu graisseux. Si cet organe devient plus lent à remplir ces fonctions, il faut réveiller son énergie par des
substances tonique ou acidulées.

Dans le cas d'inflammation des organes digestifs, c'est
encore sur l'estomac qu'il faut agir, mais en sens in-
verse. Il est évident que le mal aura d'autant moins
d'énergie que l'on affaiblira davantage les organes de
la vie. C'est pourquoi on saigne les animaux pour affaiblir la circulation du sang; on place des vésicants pour
appeler l'irritation au dehors, et on met à la diète
pour débiliter les organes digestifs. Administrer de la
nourriture, serait augmenter le trouble, puisque l'estomac, ayant perdu ses facultés d'élaboration, serait sur-

chargé, et communiquerait cette nouvelle cause de maladie à tous les organes.

Les *végétaux* prennent leur nourriture dans le sol par les spongioles, espèces de petites éponges apposées sur leurs radicelles; la division du sol, qui permet le jeu de cet organe des plantes, explique pourquoi la terre doit être bien ameublie pour recevoir la semence et favoriser sa venue. Les végétaux qui ont le plus grand nombre de spongioles sont en général les plus épuisants. Si cet organe concourt à la nutrition des végétaux, il le fait dans des proportions d'autant plus favorables à leur développement que le sol contient plus de matières ou substances assimilables, et que sa texture en permet l'absorption. Il est nécessaire que ces mêmes substances durent assez dans le sol pour qu'après avoir fourni aux parties vertes de la plante, elles puissent encore favoriser la formation des graines. Cette observation est d'autant plus utile, que quelques engrais artificiels poussent la végétation en herbe dans des proportions presque luxuriantes, les abandonnant au moment de la grenaison, et la belle récolte annoncée se réduit souvent à avoir de la paille.

Si les racines sont l'estomac des végétaux, les feuilles en sont les poumons. L'acide carbonique, qui, aspiré par les animaux, a la propriété de changer le sang veineux en sang artériel (hématose), aspiré par les feuilles des végétaux, donne à ceux-ci une énergie impossible sans son concours. Les végétaux comme les animaux, privés d'air, tombent asphyxiés.

MALADIE DES ANIMAUX.

La tympanite ou *enflure des viscères abdominaux*, qu'on désigne encore sous le nom de *météorisation*, est causée par la nourriture trop brusquement administrée du trèfle et de la luzerne, ou lorsque ces plantes sont encore très-tendres.

Pour éviter ces accidents, il ne faut donner ces fourrages qu'en petite quantité, surtout lorsque les animaux sont pressés par la faim. C'est une erreur de croire que le fourrage vert doit avoir été flétri par la chaleur pour le donner au bétail : il est en cet état dans un commencement de fermentation, qui le dispose à mieux produire l'enflure que s'il avait été administré aussitôt qu'on l'aurait coupé. Avec des soins, on est presque assuré que cette maladie ne se produira pas, car pour l'ordinaire elle est le résultat de la négligence.

Dans le cas où cet accident se déclarerait, il faut, aussitôt qu'on s'en aperçoit, faire promener l'animal ; si l'enflure persiste, on peut avoir recours à divers remèdes : une bonne saignée si l'animal est suffoqué ; d'après M. de Dombasle, une once de salpêtre en poudre, délayé dans un verre d'eau-de-vie, produit un effet presque certain. Nous avons eu à opérer sur des bœufs atteints de la tympanite ; tous ont été sauvés par l'emploi du remède suivant : un demi-litre d'eau, où on mêle une once d'alcali volatil ou ammoniaque liquide, ou encore esprit de sel ; au moyen d'une bouteille dont on pose le goulot sur les barres de la mâchoire de l'animal, tandis qu'un aide lui tient la tête haute, on fait avaler le liquide. Il ne faut cesser de promener le malade que lorsqu'il paraît hors de danger.

Les cultivateurs feront donc bien d'avoir toujours chez eux quelques onces d'alcali ; il faut tenir bien bouché le flacon qui le contient, et ne l'ouvrir qu'en cas d'utilité. Les piqûres des guêpes, abeilles, frelons, etc., disparaissent presque instantanément si on applique une goutte d'alcali sur la partie où l'insecte a posé son dard.

IIIᵉ PARTIE.

ÉCONOMIE AGRICOLE.

On entend par économie agricole la science administrative des propriétés rurales. L'économie (nous insistons sur le sens du mot) est l'appréciation calculée d'un système basé sur la connaissance exacte des faits d'après lesquels ce système fonctionne. La science économique peut seule donner les moyens d'améliorer une administration et la placer dans un état de perfectibilité qu'on ne saurait atteindre sans son secours. Serait-il possible d'entreprendre un système d'agriculture, si on n'avait pu, au préalable, se rendre compte des effets qu'il doit produire; sans avoir examiné si la position, le climat, la nature ou le commerce du pays lui sont favorables; sans avoir calculé tous les détails des opérations à faire, et s'être assuré, par ce moyen, si ce système de culture peut être profitable, s'il doit être adopté, modifié ou rejeté. Plusieurs agriculteurs, hommes intelligents, ont eu des revers en agriculture; il n'est pas douteux que, plus instruits sur l'économie, ils eussent eu plus de succès : leur manière d'opérer a beaucoup retardé le progrès; car, jouissant d'une certaine considération de capacité, on a rejeté sur l'introduction des méthodes nouvelles, les fautes qui n'auraient dû retomber que sur ceux qui s'en étaient mal servi. Quelque bonnes que soient par elles-mêmes les méthodes employées, quelque vantés que soient certains procédés, on ne saurait atteindre un but productif sans une administration sé-

vère, méthodique et régulière, qui serve à guider constamment celui qui entreprend une exploitation rurale.

Du chef d'exploitation.

Pour avoir des succès, et certainement pour éviter des
revers, celui qui veut entreprendre une exploitation rurale, quelle que soit son importance, doit d'abord posséder une connaissance exacte de la chose qu'il entreprend, en avoir calculé les résultats probables, suivre
avec persévérance le cours de son système, ne jamais
dépasser les ressources dont il dispose. Il doit être actif,
ferme sans sévérité, bon sans faiblesse, juste toujours
avec ses employés. Il doit établir une discipline à laquelle il ne doit permettre aucune infraction. Ses ordres
doivent être donnés avec clarté et précision; il doit non-
seulement être, mais il doit encore paraître convaincu
du bon résultat que produira le travail qu'il commande;
écouter avec bienveillance les observations de ses agents,
les accepter quand elles sont bonnes, passer outre, sans
humeur, lorsqu'il les juge autrement; ne gronder jamais
un employé devant les autres, mais en particulier; il
vaut toujours mieux ménager l'amour-propre des hommes, à quelle classe qu'ils appartiennent, que le froisser.
S'il s'agit d'importer un instrument ou une méthode dans
un pays où ils sont inconnus, le chef doit savoir le maniement de l'un et avoir la certitude de l'efficacité de
l'autre; il doit alors persuader à ses domestiques que
leur intelligence et leur adresse leur permettront de
s'en servir avec avantage. Si le maître sait exécuter lui-
même ce qu'il demande à ses domestiques, ceux-ci s'ap-
pliquent à faire aussi bien que lui, et, plus tard, à le
surpasser. Nous avons eu l'occasion de rencontrer des
propriétaires, qui persuadés de la bonté d'un instrument

vanté, avaient voulu l'introduire, et avaient échoué devant la mauvaise volonté des domestiques, parce que ne connaissant pas eux-mêmes la marche de l'instrument, ou la connaissant mal, ils rebutaient leurs agents de son usage, qui ne manquait, pour être accepté, que d'un guide éclairé.

Dans une exploitation considérable où il est nécessaire d'avoir des valets-chefs ou contre-maîtres, il faut que la portion d'autorité déléguée à chacun d'eux ne soit pas entravée par le chef supérieur. Du moment que celui-ci a donné un pouvoir, il doit en laisser l'exécution et la responsabilité à celui qui en est chargé. Agir autrement, c'est renverser l'unité du commandement; le moins qui arrive dans ce cas, est de gêner l'activité de l'atelier et de son chef, quand on ne les dégoûte pas l'un et l'autre. Ne sachant plus à qui obéir, les ouvriers travaillent peu et mal. L'ordre dans l'administration et l'ensemble dans l'exécution, sont indispensables pour amener un bon résultat.

Indépendamment de la conduite que doit tenir le chef de l'exploitation vis-à-vis de ses inférieurs, il doit les nourrir convenablement, avoir pour eux des égards, des soins pour leur santé, être enfin comme un père de famille; en agissant ainsi, il est impossible de n'avoir pas de bons employés, et, chose digne d'intérêt, de les garder longtemps, car l'homme aime à rester où il se trouve bien.

Du métayage.

De toutes les manières d'exploiter un domaine, celle qui oppose le plus de difficultés pour l'introduction d'un système raisonné, est, sans contredit, le métayage. L'antagonisme presque permanent (les exceptions sont fort rares) qui existe entre le propriétaire et son métayer, est une chose connue. Si le propriétaire veut une opération, le colon trouve toujours des raisons péremptoires pour s'y opposer, ou tout au moins l'éluder. Si, au contraire, c'est le colon qui la propose, c'est au tour du propriétaire de faire opposition; il s'ensuivrait qu'il faut désespérer de faire des progrès avec ce système. Sur le pied où se pratiquent généralement les relations entre propriétaires et métayers, cela serait malheureusement vrai. Voyons s'il n'y aurait pas un moyen de tourner la difficulté.

De tous les modes d'amodiation, celui du métayage, qui devrait être le premier, se trouve précisément le plus précaire. L'ignorance, qui est toujours la cause du mauvais vouloir des métayers, réunie à l'exiguité de leurs ressources, fait de ces agents de la culture une barrière bien difficile à franchir pour le progrès. S'il en était autrement, cette méthode d'exploitation aurait un mérite incontestable pour les petits domaines; sans avances à faire, sans soins à donner, le propriétaire d'une ou plusieurs métairies, n'ayant à examiner que la fidélité des comptes, reçoit la moitié des produits. Si la métairie est confiée à un métayer actif, ordonné et intelligent, la valeur de cette moitié est supérieure au prix ordinaire des fermages. Le colon faisant bien ses affaires, est beaucoup plus accessible à l'introduction des réformes, que celui qui chaque année voit augmenter sa misère. Il y a plusieurs exemples de ce genre de cultivateurs, qui ont obtenu d'une même métairie des produits infiniment plus considérables que leurs prédécesseurs ou successeurs. Il arrive malheureusement quelquefois que si le métayer est intelligent, le maître l'est fort peu; et que celui-ci, jaloux de son autorité, vient, par des tracasseries inopportunes, troubler la bonne harmonie administrative de son colon. Alors on se sépare, et le sucesseur, moins habile ou moins actif, laisse amoindrir le revenu du domaine. Les propriétaires doivent apporter, dans leur intérêt, beaucoup de bon vouloir dans leurs relations avec leurs colons ; les égards doivent être réciproques et observés dans la mesure de l'éducation de chacun. Un propriétaire qui suivrait cette ligne de conduite et qui serait convaincu que le métayer qui apporte son travail et son industrie, est son égal, au moins quant au fait du motif qui l'associe à lui, manifesterait à son colon une considération à la hauteur de laquelle il tiendrait à se tenir. En général, les hommes ont une répugnance très-grande à commettre, vis-à-vis de celui ou de ceux qui leur accordent une certaine estime, une action qui serait de nature à l'amoindrir.

Cette question est d'une importance immense pour notre département, où le métayage est le mode d'amodiation des terres le plus répandu.

Quelque recommandable que puisse paraître l'usage d'un instrument ou d'un procédé de culture, nous comprenons la difficulté de les introduire parmi les métayers, qui ne sont pas obligés à l'obéissance passive des domestiques ; ceux-ci doivent exécuter, quel que puisse être le résultat, le travail qu'on leur commande, car il ne leur arrivera ni plus ni moins de la réussite ou de l'insuccès ; tandis que le métayer peut arguer que le travail se faisant à son détriment, il ne veut pas risquer ce qui lui paraît certain pour une opération hypothétique. Le point le plus important, c'est de leur bien expliquer, de leur bien faire comprendre ce qu'on veut faire, ce qu'on espère réaliser ; il faut les intéresser autant que possible à la réussite. Tout cela doit être fait avec persuasion, sans heurter les oppositions, sans colère. Si, malgré l'emploi de tous ces moyens, on ne pouvait vaincre la résistance ou la répugnance de ces cultiva-

teurs, il faudrait en employer d'autres. Il faut, par-
dessus tout, bien se garder, si on est à peu près satis-
fait de ses métayers, de les renvoyer, dans l'espoir d'en
trouver de plus accommodants. Nous avons commis cette
faute une fois, et nous nous en sommes si mal trouvé
que nous avons eu garde d'y retomber. Il s'était répandu le bruit dans le pays que le colon nous quit-
tait parce qu'il n'avait pas voulu accepter *nos idées
nouvelles*. Pas un métayer de bonne réputation ne vint
s'offrir, ce qui nous obligea de laisser pendant deux ans
cette métairie en mauvaises mains; son produit avait
beaucoup baissé. Ayant rencontré une autre opposition,
nous prîmes le biais suivant pour arriver à nos fins.

Le revenu de chaque métairie étant bien connu depuis
plusieurs années, nous mîmes sous les yeux du métayer
récalcitrant le produit de cinq années prouvé par nos livres. Nous lui laissâmes choisir le revenu de l'une d'elles, en lui garantissant la même somme s'il voulait suivre notre système, après lui avoir fait comprendre qu'il
ne s'exposait à aucun mécompte quoi qu'il arrivât de
l'exécution de notre procédé, le laissant libre néanmoins
de choisir, du revenu promis ou de la part que produirait
pour lui la métairie exploitée ainsi que nous l'entendions.
Il préféra le revenu, et il crut avoir bien réussi; mais dès
la deuxième récolte, il se mit à notre discrétion et de-
vint pour nous un puissant auxiliaire. L'avantage qu'il y
trouva l'avait complétement désarmé. Les idées fausses
que se font généralement les habitants des campagnes,
contre ce qui n'est pas dans leurs habitudes, obligent
envers eux à la plus grande prudence. L'exemple dont il
vient d'être question peut trouver des imitateurs. Ce qui
rend les métayers si défiants, est peut-être plus la crainte
de compromettre leurs ressources, que la répugnance à
faire autre chose que ce qu'ils ont toujours fait. Si cela

devient utile, qu'on les délivre de cette crainte, et il sera facile de les amener à composition.

De la régie.

Les propriétaires de domaines importants, ceux au moins qui ne font pas valoir par eux-mêmes, confient la gestion de leurs biens à des régisseurs. Il n'est pas inutile de parler ici des rapports du propriétaire et du régisseur. Il faut que l'un et l'autre puissent s'entendre sur le but à atteindre, et prendre des arrangements réciproquement avantageux.

Dans notre département, le choix d'un régisseur présente des difficultés sans doute, mais moins grandes peut-être qu'ailleurs. La ferme-modèle de Sallegourde a dû former des hommes capables en ce genre ; de plus, bien des jeunes gens intelligents et actifs, qui ont des dispositions pour l'agriculture, recherchent volontiers ces emplois. Cependant, au point de vue de la science agricole, si un propriétaire se décide à introduire sur son bien une culture raisonnée, il lui faut un auxiliaire pour l'aider, si lui-même a les connaissances utiles, ou pour diriger s'il ne les a pas. C'est surtout dans cette dernière hypothèse que la question va être étudiée.

Un propriétaire doit rechercher dans l'homme auquel il veut confier l'avenir de sa propriété, la capacité nécessaire pour mener à bien l'entreprise.

Le régisseur, dans son intérêt, ne doit se charger d'une exploitation qu'après avoir fait une étude consciencieuse de la nature des terres, de leur propriété végétative, des ressources du pays, sous le rapport de la facilité ou de la difficulté de se procurer des bras, et aussi du genre de vente des denrées et de l'écoulement de tous les produits. Il faut qu'il ait encore pris des renseignements exacts sur la viabilité des chemins vicinaux qui conduisent les produits au dehors, et de ceux de l'exploitation qui peuvent obliger à un plus ou moins grand nombre d'attelages. La situation présente du domaine, les ressources qu'il offre, sa culture, son degré de fertilité et ses bâtiments, doivent être sérieusement examinés.

Aidé de ces données, qu'il expose au propriétaire, lequel lui a fait part de ses vues et du capital qu'il veut consacrer, soit à l'amélioration des terres, soit à l'industrie agricole, le régisseur doit savoir dresser un plan de culture, le raisonner sous toutes ses faces, en exposer par prévision le résultat pendant quelques années, indiquer la part de l'augmentation de fertilité et du revenu.

Ce travail discuté, modifié s'il y a lieu, et enfin accepté, le régisseur devra établir une comptabilité rigoureuse, qui, avec les garanties morales qu'il aura fournies, complétera celles que le propriétaire peut raisonnablement exiger. Le régisseur n'aura qu'à gagner de l'examen assidu de ses livres et de ses opérations. S'il est ce que son travail a annoncé, la confiance du propriétaire, l'union et les relations agréables viendront concourir au bien-être de sa position.

Le propriétaire et le régisseur, d'accord sur les points les plus importants de l'entreprise, doivent s'engager réciproquement pour un temps qui doit être au moins égal à la durée du cours de culture adopté. Pour plus de sûreté réciproque, les honoraires du régisseur doivent être établis sur le revenu du domaine, et en suivre la progression. Dans ce contrat, le propriétaire trouvera son régisseur engagé à la bonne administration du domaine, puisqu'il y est intéressé, et ce dernier aura la conscience de se faire une position en augmentant le revenu et la fortune de celui qui utilise son travail

Du faire-valoir.

On appelle faire valoir un domaine, toutes les fois qu'un ou plusieurs individus associés, prennent sous leur responsabilité les frais ou avances faites à l'exploitation, et que la direction leur appartient sans réserve.

On fait valoir comme propriétaire, comme régisseur, ou comme fermier. Les deux premières manières sont à peu près identiques, puisque le régisseur n'agit que par délégation du propriétaire. Le fermier est dans une autre situation; jouissant la propriété pour un temps déterminé, il doit organiser son exploitation de telle façon qu'elle soit productive autant que possible, sans cependant dégrader ou épuiser le domaine, pendant la durée de son bail. Le propriétaire, ou pour lui son régisseur, dirigent leurs vues dans un sens d'amélioration sans limites, ou tout au moins peuvent aimer mieux augmenter la valeur de la propriété que d'en obtenir des résultats passagers.

De l'évaluation de la propriété.

Valeur foncière. — Quelle que soit la difficulté de poser des principes absolus pour l'évaluation d'un domaine, il est des données générales qui peuvent subir des changements dans la forme, mais dont le fond reste le même; ce sont :

1° *La faveur vénale dont les propriétés jouissent dans le pays.* — Cette question, dont on se préoccupe trop peu dans l'estimation des biens, a pourtant une immense importance; car il est des cantons où on trouve à acheter des domaines produisant un revenu de 5 p. 100 du capital, tandis que dans le canton voisin on les trouve difficilement à trois. On pourrait objecter que, dans le cas où on voudrait revendre, ce motif existerait aussi, et vouloir établir une compensation; cela manque de vérité, car la faveur ou la défaveur sont un accident passager et qui peuvent provenir de circonstances fortuites.

2° *La classification du cadastre.* — Ayant les données fournies par le cadastre, en parcourant la propriété à acquérir, on groupe ensemble les terres de différentes classes, on en détermine l'étendue réciproque par l'addition des parcelles de chacune. Pour leur évaluation, on y procède soit à l'aide du revenu imposable, soit d'après la valeur obtenue par renseignements des voisins ou la comparaison d'acquisitions faites de terres d'une classe égale, soit encore d'après l'apparence de fertilité, si ce sont des terres en culture; d'après le rendement présumé du foin, pour les prés; d'après l'apparence de vigueur, d'âge et de réputation du cru, pour la vigne; d'après l'abondance des souches, des baliveaux de tous âges et la facilité de croissance et d'exploitabilité, pour les bois.

3° *La nature des terres.* — Selon que les terres d'un domaine sont de forte ou faible consistance, argileuses ou sableuses, elles occasionnent des dépenses d'attelages, de main-d'œuvre et d'instruments, plus considérables les unes que les autres. La difficulté d'entrer sur les terres fortes avant qu'elles ne soient bien ressuyées, oblige à un surcroit de travail dans un moment donné qui peut en modifier la valeur, car leur prix s'augmente des frais qu'elles exigent; leur exposition en plaine ou en coteau fait encore varier la facilité de les exploiter. Pour la Dordogne, où les terres calcaires forment la plus grande étendue, elles varient d'autant plus de valeur, qu'à des distances très-rapprochées la couche végétale change souvent de profondeur.

4° *La situation et la disposition.* — D'après la proximité ou l'éloignement des villes ou villages, et en raison de la différence numérique de la population, la valeur foncière subit de grandes modifications; le sol ne produisant que par le travail exécuté avec l'opportunité qui résulte d'une certaine concentration d'ouvriers, le voisinage des lieux où on peut se les procurer augmente la valeur. La situation près d'un centre où il est facile de vendre les produits de la culture, les facilités de communication, le bon état des routes et chemins, la réunion des terres autour des bâtiments, sans morcellements ni enclaves, leur clôture, l'absence de servitudes ou usages locaux qui peuvent entraver la jouissance absolue et quelquefois un système de culture, sont autant de circonstances qui élèvent la valeur d'un domaine, sans qu'il soit cependant possible de donner des idées positives à cet égard.

5° *La fertilité*. — Selon qu'elle résulte d'une culture améliorante depuis longues années, ou d'une accumulation de matières propres à entretenir une fertilité constante, comme les dépôts de limon sur les bords des cours d'eau, et qui se produisent périodiquement, la fertilité ainsi constatée est la plus puissante modification que puisse subir la valeur des terres.

6° *L'agencement*. — La composition d'une propriété fait aussi varier le prix qu'elle peut atteindre. Ainsi, un domaine qui réunirait dans une proportion convenable des terres arables, des prés, des bois, des vignes, des plantations d'arbres à fruits ou d'œuvres, serait supérieur en valeur à celui qui produirait, en grains seulement, un revenu égal. Une des plus importantes questions de l'agriculture, c'est de varier autant que possible la production, de manière à n'être pas pris au dépourvu si un accident ou la température sont défavorables à une culture. Dans la majeure partie du Périgord, on attache avec raison une grande importance à l'agencement ; une métairie de bonne nature, où il n'y aurait pas de ressources pour la litière, par exemple, serait inférieure à celle qui en serait pourvue, alors même que son produit dépasserait les frais nécessaires pour se la procurer.

De la valeur locative. — La valeur locative s'établit : 1° par la fertilité du sol ; 2° l'agencement de la propriété ; 5° la facilité des débouchés ; 4° la nature des terres. Avec des renseignements pris avec soin et intelligence, et d'après les données appliquées à la valeur foncière, il est facile de ne pas s'égarer, en ce qui concerne les trois premières questions ; quant à la dernière, l'étude en est bien différente. En effet, le propriétaire qui acquiert, cherche le plus souvent un domaine d'une fertilité en rapport avec le prix qu'il en donne, sans s'inquiéter autrement de sa nature. Pour lui, la valeur locative doit s'établir sur les bases qui ont servi à son acquisition ; il recherche cependant quelquefois une terre dont la constitution s'oppose, avec plus de résistance qu'une autre, à l'épuisement : tels sont les sols argileux. Le fermier doit calculer autrement : il doit rechercher une propriété dont la terre arable permette l'absorption rapide des engrais qu'il lui donne, ou dont l'amélioration ne puisse dépasser le terme de son bail sans lui revenir. Pour obvier à l'inconvénient de l'épuisement des propriétés, et pour intéresser le fermier à maintenir une fertilité croissante, on a cherché à introduire dans quelques baux à ferme, la condition que le propriétaire serait tenu de payer à son fermier sortant, une plus-value acquise au domaine par ses soins. Ces réserves, très-belles en théorie, sont bien difficiles à pratiquer ; car il est rare que les deux parties soient d'accord pour établir les bases d'après lesquelles les experts peuvent faire l'estimation de cette augmentation de valeur.

En thèse générale, et au point de vué de la location, la propriété est une industrie qui devient d'autant plus profitable que son mécanisme fonctionne avec moins de frais et donne des résultats productifs plus rapides. Ainsi, les terres argileuses, longues à améliorer et qui ne permettent de profiter que bien lentement des avances qu'on fait au fonds, sont d'une valeur locative inférieure aux terres siliceuses ou calcaires, d'une valeur immobilière égale.

Valeur mobilière. — Elle résulte de l'expertise faite du mobilier, consistant en animaux de travail ou de rente, en instruments divers employés à la culture du domaine, et en fourrages ou pailles. L'abondance ou l'exiguité du mobilier, par rapport au domaine, peuvent être une cause qui doit modifier la valeur foncière et la valeur locative d'une propriété.

Améliorations.

Lorsqu'on veut entreprendre une amélioration foncière, il faut calculer d'après les renseignements les plus exacts ses conséquences probables.

Ainsi, une métairie qui aurait coûté :

Prix d'achat..................... 15,000ᶠ
Frais d'enregistrement ou acte...... 1,000
    Au total................. 16,000ᶠ

Consiste :

En terres argilo-calcaires ou argileuses, dont les pentes ne favorisant pas l'écoulement des eaux, les rendent malsaines..................... 15 hectares.
En terres calcaires de coteaux peu profon-

A reporter....... 15 hectares.

Report........... 15 hectares.

des et presque incultes.............. 5 »

En terres boulbènes légères qui se battent
par les pluies..................... 6 »

En terres sableuses ne produisant que du
seigle............................ 4 »

En terres humides presque marécageuses. 5 »

En prés non arrosés.................. 2 »

En prés marécageux ne pouvant être que
pâturés.......................... 5 »

TOTAL.............. 40 hectares.

Cette métairie, ainsi composée, revient à 400 fr. l'hectare, et produit, terme moyen, 400 fr., ou 2 fr. 50 c. p. 100 de son capital.

Après le prix d'achat, soit.............. 16,000ᶠ

Qu'on veuille consacrer en améliorations
une somme de... 14,000

La métairie aura coûté.......... 50,000ᶠ

Les travaux d'améliorations sont dirigés sur les 15 hectares de terres argilo-calcaires ou argileuses, en fossés d'écoulement, défoncement du sol, à raison de 150 fr. par hectare........................... 2,250ᶠ

Sur les 5 hectares de terres calcaires, en plantation de vignes, en comprenant le coût pendant cinq ans, et les intérêts à raison de 800 fr. par hectare......................... 4,000

Sur les terres boulbènes, 6 hectares, marnage et fumier, à raison de 250 fr. l'hectare.... 1,500

Sur les terres sableuses, 4 hectares, mélange de terre, à raison de 200 fr. par hectare.. 800

A reporter.......... 8,550ᶠ

Report...............	8,550f

Sur les 5 hectares de terres marécageuses, fossés pour les assainir, défoncement, chaulage, à raison de 250 fr. par hectare....... **750**

Sur les 2 hectares de prés non arrosés, établissement d'irrigations, à 250 fr. par hectare. **500**

Sur les 5 hectares de prés marécageux, assainissement par canaux, fossés ouverts ou couverts, défrichement, à raison de 250 fr. par hectare............................ **1,250**

Achats d'instruments ou leurs réparations pour tous ces travaux, surveillance, etc..... **450**

Intérêts de toute la somme déboursée et du prix de la propriété, pour près de deux ans qu'elle pourra rester à peu près improductive. **2,500**

TOTAL DÉBOURSÉ.............	14,000f

Au moyen de ces avances, on peut espérer amener les terres argileuses à produire un revenu brut, par hectare, de 100 fr. pour la moitié en culture, ci.. **750f**

Pour les terres en vigne, 100 fr. par hect... **500**

Pour les terres boulbènes, 100 fr. *id*... **600**

Pour les terres sableuses, 60 fr. *id*... **240**

Pour les terres marécageuses, 120 fr. *id*... **560**

Pour les prés secs, 50 fr. *id*... **100**

Pour les prés marécageux, 100 fr. *id*... **500**

Nous n'avons évalué le produit que pour la moitié des terres en culture de céréales. Il reste 16 hectares et demi, dont 10 au moins produiront du maïs, pommes de terre ou fourrages, et qu'on peut évaluer à 70 fr. par hectare.... **700**

TOTAL PRÉSUMÉ.........	5,750f
A reporter.............	5,750f

9.

$$\begin{array}{lr} \textit{Report}\dots\dots\dots\dots & 5{,}750^{\text{f}} \\ \text{Impôts ou assurances}\dots\dots\dots\dots\dots & 150 \\ \text{Reste}\dots\dots\dots\dots & 5{,}600^{\text{f}} \end{array}$$

La moitié revient au métayer si l'on exploite de cette manière, ou pour les frais si on fait valoir. 1,800

Il reste 1,800 fr. au propriétaire, qui a fait à sa propriété une avance de 14,000 fr., et qui l'a achetée 16,000 fr., en tout 50,000 fr. C'est un placement à 6 p. 100 Si on continue à cultiver ce domaine d'une manière éclairée, nul doute que sa valeur n'augmente. Combien d'exemples de métairies on pourrait citer, dans le Périgord, qui, achetées à peu près dans l'état de celle-ci, ont doublé de valeur, et plus peut-être, par les soins et les améliorations d'intelligents et actifs propriétaires. Les chiffres que nous avons posés pourraient varier selon le pays ; mais ils sont établis d'après les travaux analogues que nous avons eu à faire exécuter.

Économie du bétail.

Du bétail de travail. — Dans la Dordogne, les bœufs sont presque exclusivement chargés du travail de l'exploitation. On n'emploie guère le cheval, le mulet ou l'âne, que pour le service du transport des denrées. Les bœufs sont en général, dans les métairies, une source de profit et de travail ; aussi, est-il bien difficile de préciser le prix de ce travail et de leur nourriture.

Du bétail de rente. — On entend, par cette dénomination, les animaux qu'on peut entretenir sur une propriété en dehors de ceux nécessaires au travail de l'exploitation, et dont on attend du profit, comme :

1o *Bétail d'élève.*—Né sur l'exploitation, il s'y développe en raison de sa nature, des soins et de la nourriture qu'on lui donne. .

2o *Bétail de croît.*—Importé sur une propriété, il y acquiert sa croissance aux mêmes conditions que celui d'élève.

5o *Bétail d'engrais.* — On développe, par une nourriture substantielle et abondante, ses dispositions à acquérir de la chair, du suif et de la graisse. .

4o *Bétail produisant du lait.* — Soit qu'on vende le lait en nature ou qu'on en fasse du beurre et du fromage pour le commerce. Dans cette catégorie, les jeunes fruits sont livrés à la boucherie. Cette spéculation s'exerce sur les vaches, les brebis et les chèvres. .

5o *Bétail de commerce,* dont le bénéfice espéré provient de la différence du cours des marchés ou de quelques jours de repos, d'une nourriture réparatrice et de quelques soins qui leur donnent une valeur supérieure au prix d'achat.

Le département de la Dordogne est essentiellement porté à la spéculation sur les bestiaux. Cette heureuse disposition doit ouvrir une voie plus facile aux progrès agricoles ; il est de la plus grande importance d'en éclairer la marche. Notre ambition consiste entièrement à contribuer à cette œuvre.

La spéculation sur les animaux a pour objet de rendre vendables ou portables des produits qui, sans leur intermédiaire, seraient d'une valeur presque nulle. Ainsi, par exemple, dans un pays où les fourrages ne trouveraient pas d'acquéreurs (cela se rencontre souvent loin des centres de population) et qu'il serait très-onéreux de porter au loin pour les vendre, il est incontestable que, passés par l'estomac des animaux, ceux-ci acquièrent une valeur produite par ces fourrages, qu'on peut réaliser en les vendant ; leur transport est peu coûteux, puisqu'ils sont eux-mêmes leurs locomoteurs. Soit le même pays produisant des céréales, dont l'éloignement des marchés et l'inviabilité des chemins en réduit le prix à un taux peu productif pour le propriétaire. En substituant au blé des plantes dont le grain peut servir à élever ou engraisser des bœufs, des moutons ou des cochons, il rend ses produits plus faciles à conduire sur les marchés, et peut les réaliser avec plus d'avantage et de facilité.

Pour établir le genre de spéculation que l'on doit adopter, il faut s'être assuré, au préalable, quel sera celui ou ceux qui ont le plus de succès de débit dans la localité où on se trouve, ou bien s'il en est qui donneraient un produit supérieur si on les conduisait au loin. Une fois cette question résolue, l'agriculteur, toujours d'après les données certaines dont il dispose, doit soumettre ces spéculations à un calcul rigoureux ; à savoir : laquelle paiera au taux le plus élevé le fourrage consommé, en tenant compte toutefois des frais généraux que chacune d'elles peut occasionner.

Il ne faut pas établir en principe, que par cela seul qu'une spéculation donnera un plus grand prix du fourrage, elle doit être exclusivement adoptée. Tous les produits de l'agriculture sont exposés à tant de vicissitudes, qu'il est d'une sage administration de confier ses espérances de profit au plus grand nombre de produits possible, lors même qu'il y aurait entre eux une différence de bénéfice ; mais sans perdre de vue qu'il faut, avant d'introduire une spéculation quelconque, en avoir calculé le résultat probable.

Une condition qui doit être préjudicielle, c'est-à-dire considérée la première dans la recherche d'une spéculation, c'est la production du fumier, qui fait la richesse du sol : telle spéculation pourrait, en ne produisant pas de fumier, donner un bénéfice supérieur aux autres, qu'il faudrait la rejeter si on ne pouvait acheter du fumier.

Examen calculé des spéculations.

Nous avons classé les animaux de rente de cinq manières différentes. Nous allons discuter, en exposant des calculs approximatifs de prévision pour chacune d'elles, les chances qu'elles offrent, afin de ne pas éprouver de mécompte dans une adoption irréfléchie.

Élève. — Depuis le cheval, qui peut atteindre le plus haut prix des spéculations agricoles, jusqu'au pigeon, qui se trouve au plus bas, tous les animaux peuvent fournir un certain profit.

Pour arriver à déterminer le prix auquel les élèves de ces divers animaux peuvent payer le fourrage, il faut faire la somme détaillée des frais d'entretien et de nourriture qu'ils occasionneront jusqu'au jour de leur vente. Ces frais s'évaluent, pour chacune des espèces, d'une manière constante, mais dont certains détails peuvent varier.

Nous pourrions donner des chiffres pris au hasard ; mais il nous répugne de rien dire qui ne soit appuyé sur la pratique. Nous nous bornerons à indiquer les bases du calcul, sans le préciser : chaque agriculteur pourra trouver des indications suffisantes et plus précises dans ses connaissances personnelles.

Les frais occasionnés par l'élève des animaux, consistent :

1º Dans l'amortissement et l'intérêt du capital consacré aux reproducteurs, et dont chaque élève doit supporter une part proportionnelle ;

2º Dans la nourriture et frais généraux de la mère, depuis le moment de la saillie jusqu'à celui où l'élève peut se passer d'elle ;

5º Dans les frais et nourriture de l'élève jusqu'au jour où on le livre à la vente ;

4º Dans la portion qui doit lui être attribuée pour les accidents ou cas fortuits qui peuvent amoindrir sa valeur.

Ces moyens généraux de calcul déterminés, nous les traduisons en chiffres :

Si la mère a dépensé pour l'élève, en amortissement, intérêt du capital, nourriture ou frais généraux.	180ᶠ
Si elle a produit en fumier et en travail..........	120
Le produit ou élève coûte au sevrage.............	60ᶠ
Les frais généraux et l'intérêt du capital de l'élève, à 5 p. 100 pour deux ans jusqu'au jour de la vente, étant de........................	50ᶠ
Il coûte, somme totale...........	90ᶠ
Il est vendu, à l'âge de trente mois..............	175
Il reste, pour payer la nourriture de trois ans.	85ᶠ

Qui, réduite en foin, égale 5,000 kil. En divisant les 85 f., prix obtenu par les 5,000 kilogr. de foin consommés, on trouve 1 fr. 40 c. $\frac{1}{6}$ pour le prix des 50 kil. En appliquant ce calcul à tous les animaux, et d'après les données exactes que tous les agriculteurs peuvent avoir à leur portée, on peut arriver à établir le résultat de chaque genre de spéculation, et adopter celle qu'on juge être la plus avantageuse.

Pour trouver le prix payé par chaque genre, il faut diviser le chiffre provenant de la différence qu'il y a du prix de vente avec la somme du prix d'achat et des frais divers, et le diviser par la quantité de fourrages consommés.

Le bétail de croît prend son point de départ dans le prix d'acquisition. Ainsi, pour un cheval, un mulet, un veau, un agneau, etc., qui coûte un prix connu, on doit ajouter à ce prix les frais généraux de soins, de maréchal, de vétérinaire, etc. On établit la quantité de nourriture utile pour l'amener à une valeur prévue, et que nous supposerons être, pour un bœuf, de 200 fr.

Il a coûté d'achat, comme veau......................	60^f
Intérêt à 5 p. 100 pour deux ans..................	6
Frais généraux....................................	24
TOTAL...........................	90^f
Il a été vendu....................................	200^f

Il reste, pour payer sa nourriture de deux ans, évaluée en foin à 5,750 kil., 110 fr., qui, divisés par 75, égalent 1 fr. 46 c. $^2/_3$ pour le prix des 50 kil.

Le bétail d'engrais, quelle que soit sa nature, doit être soumis aux mêmes calculs. Les frais généraux sont moins considérables, puisque ces animaux restent moins longtemps à la charge du propriétaire. Il faut rassembler avec soin tout ce qui peut concourir à l'engraissement, en faire la somme et procéder comme il a été dit. Supposons un bœuf acheté maigre 170 fr., et vendu 250.

Il a coûté de soins 10 fr. Il reste 70 fr. pour payer sa nourriture, évaluée en foin à 2,250 kil., qui, divisés par 70, égalent 1 fr. 78 c. les 50 kil.

Les bêtes laitières demandent un calcul plus approfondi; nous nous occuperons des vaches seulement. Il faut savoir le prix du lait dans le pays; s'il est utile ou possible de le vendre en nature, ou s'il est préférable d'en fabriquer du fromage ou du beurre.

Si on peut vendre le lait en nature, il est essentiel de connaître, par l'expérience, la quantité de lait que peut donner une vache. Supposons que cette quantité égale 6 litres par jour, et que le prix du lait soit de 10 c. le litre.

Une vache laitière coûte 200 fr.

Intérêt pour un an...........................	10^f
Saillie..	2
Soins ou frais généraux....................	40
Amortissement du capital à 5 p. 100.....	20
TOTAL....................	72^f

Elle produit un veau, vendu à trois mois.......	55^f
Du lait pendant six mois, à 6 litres par jour,	
900 litres, à 10 c.............................	90
TOTAL........................	125^f
A déduire les frais........................	62
RESTE...................	65^f

Elle consomme pour sa nourriture et par an 5,750 k. de foin; les 65 fr. excédant les frais, divisés par 75, égalent 86 c. les 50 kil.

S'il fallait fabriquer du beurre et du fromage, on devrait calculer la quantité obtenue de l'un ou de l'autre. Le prix qui en reviendrait servirait de règle pour établir le bénéfice ainsi :

900 litres de lait peuvent donner, si la nourriture est substantielle :

En beurre, 50 kil., à 1 fr. 20 c. le kil........	60^f
En fromage de gruyère, troisième qualité, 50	
kil., à 90 c...................................	45
A reporter..............	105^f

Report......................	¹105ᶠ
En petit-lait pour les cochons, 700 litres, à 5 c....................................	20
Total.......................	125ᶠ
A ajouter le prix du veau........................	55
Total.......................	160ᶠ

A déduire les frais de fabrication, bois, usure
   des ustensiles, combustibles, etc... 15ᶠ } 77
Et les frais d'autre part.................. 62 }

Reste...............	85ᶠ

Reste, pour payer le fourrage, 85 fr., qui, divisés par 75, égalent 1 fr. 10 c. les 50 kil.

Le bétail de commerce présente un calcul plus complexe, en ce que ces animaux peuvent, dans divers cas, fournir une certaine quantité de travail qui doit être portée à leur crédit, et que la différence du cours des marchés étant souvent variable, il est difficile de prévoir si, dans le court délai de l'achat à la vente, les animaux acquerront une plus-value que leur meilleur état peut faire espérer. On doit comprendre aisément que les circonstances peuvent modifier les prévisions. Mais comme notre travail n'a pour but que de poser des données propres à éclairer sur les diverses méthodes spéculatives, nous ferons, comme pour ce qui précède, un calcul hypothétique quant à la certitude des résultats, mais vrai dans la méthode.

Soit une paire de bœufs de quatre ans, achetés au prix de 400 fr.

Ils sont vendus.....................	440ᶠ
Ils ont coûté, prix d'achat............ 400ᶠ	
Intérêt à 5 p. 100 pour trois mois.... 5 }	410
Frais généraux à leur charge......... 5 }	
Reste................	50ᶠ

pour payer leur nourriture à 50 kilogr. de foin par
jour, soit 1,550 kil. pour trois mois, qui, divisés par 27,
égalent 1 fr. 11 c. les 50 kil.

On peut concevoir que l'habitude ou l'habileté de
ceux qui se livrent à cette spéculation doit apporter de
grandes modifications à la somme de profits qu'on peut
obtenir.

Toutes les spéculations, sur quelque sorte d'animaux
que ce soit, peuvent s'établir sur le décompte des frais
ou produits dont nous avons esquissé les divers systè-
mes. Bien que la nourriture des uns diffère de celle des
autres, on peut la ramener à un taux unique, dont nous
donnerons le tableau, dressé par un savant chimiste. Le
foin étant cette base, nous le prenons pour l'unité qui
doit faire apprécier la valeur des autres substances alimentaires.

Pour calculer le prix de revient du fumier, il faut savoir la quantité produite par les divers animaux, en tenant compte du plus ou moins long séjour hors des étables. Ainsi, prenant pour modèle de calcul le *bétail de
commerce,* nous donnerons au fourrage consommé par
eux, soit 1,550 kil., une valeur de 54 fr. (2 fr. les 50 k.),
prix de cette denrée sur le marché. Le bénéfice réalisé
étant de 50 francs, il reste 24 fr., qui représentent le
coût du fumier; si la quantité est de 2,000 kil., ou quatre
charretées de pays, le prix de l'une est de 6 fr. Il est facile
d'étendre ce calcul à toutes les spéculations, et par le
même procédé. Par le nombre de charretées portées sur
les terres, on saura le prix de la fumure par hectare, et
on pourra se rendre compte des cultures qui la paient le
mieux. Avec l'aide du coût du travail, il sera encore facile de déterminer le prix de revient des récoltes.

Nous ne présentons point les chiffres que nous avons
établis, comme une règle à suivre. Ils ne peuvent servir

qu'à indiquer les moyens d'apprécier, par un certain ordre de calcul, les avantages ou inconvénients d'un système de spéculation. Il peut très-bien se faire que le genre de spéculation qui paie, selon cet exposé, le fourrage au taux le plus élevé, fût dans une autre situation celui qui en donnât la moindre valeur. C'est au cultivateur à bien apprécier les motifs qui le détermineront dans le choix d'un système spéculatif.

Des capitaux.

Les capitaux se divisent : en capital foncier, en capital d'exploitation, et en capital de circulation.

Le capital foncier est celui qui sert à faire l'acquisition de la propriété ou à en constituer la valeur. Dans notre pays, où le cheptel est fourni par le propriétaire, la loi a voulu qu'il fût attaché au sol, et, comme lui, devînt immobilier. Ainsi, les animaux de travail, les instruments qui servent à l'exploitation, sont considérés comme immeubles par destination, et rentrent dans les attributions du capital foncier. Les semences sont dans le même cas, mais sont d'une nature moins fixe.

Le capital d'exploitation est destiné à subvenir au besoin de tous les services de l'exploitation. C'est lui qui sert à payer le bétail de rente, les semences, les engrais, les aliments utiles aux animaux; à acquitter les charges publiques, les fermages, les frais d'assurances, les réparations des instruments aratoires, la nourriture, les gages ou les journées des agents de la culture; à payer les intérêts des sommes avancées à l'exploitation.

Il est difficile de déterminer la valeur, même proportionnelle, du capital d'exploitation, si on n'a pas de données positives sur le domaine et les valeurs mobilières qui le composent.

Capital de circulation. — Dans les pays où le capital d'exploitation sert à payer le mobilier des fermes, soit en animaux, soit en instruments, on organise un service de capital de roulement, qui prend les attributions que nous avons données au capital d'exploitation.

La production en agriculture est soumise à l'empire de tant de circonstances physiques, commerciales ou politiques, que l'entrepreneur d'une exploitation agricole doit toujours avoir en réserve les moyens de faire face aux éventualités auxquelles elles pourraient donner naissance.

Le progrès des arts et des sciences peut engager un agriculteur à introduire dans son système des modifications profitables, qui nécessitent des avances.

Si on se trouve placé de manière à pouvoir se procurer des engrais, il faudra moins d'avances que pour acheter les animaux qui doivent les produire. L'étendue du domaine et le système de culture adopté, peuvent aussi apporter des modifications au chiffre du capital de circulation.

Il n'est pas hors de propos de faire observer ici que l'agriculteur qui entreprendrait un système de culture qui ne serait pas en rapport avec ses ressources, serait exposé à voir s'évanouir, ou tout au moins reculer, les bénéfices qu'il avait le droit d'espérer si toutes les circonstances eussent été en harmonie. L'ordre le plus rigoureux, l'activité la mieux soutenue, ne sauraient compléter un capital insuffisant. Si, par exemple, on avait établi des fourrages, comment réaliser le bénéfice espéré si on manque de ressources pour se procurer les animaux qui devaient les consommer.

Main-d'œuvre.

Avec un système de culture où il existe beaucoup de

plantes sarclées et où encore on récolte beaucoup de
fourrages, il est impossible de faire tous les travaux avec
le seul secours des domestiques; alors on a recours à
des manouvriers, qui, à tant par jour, exécutent ces divers travaux. C'est ici où la surveillance du directeur
d'exploitation devient indispensable. Moins attachés à la
propriété que les serviteurs, les ouvriers usent de tous
les moyens pour faire le moins d'ouvrage possible; toutes les fois qu'on peut intéresser leur activité, on ne doit
pas le négliger. Les travaux à la tâche exigent moins de
surveillance et font espérer à l'ouvrier un bénéfice pour
son ardeur à exécuter plus rapidement son labeur; mais
comme il n'est pas possible que toutes les opérations
soient faites par des tâcherons (ouvriers à la tâche), il
est important, si le directeur ne peut exercer une surveillance constante, de confier à un ouvrier qu'on sait
être le plus actif, le plus probe, et dont on augmente le
salaire, la direction du chantier.

Dans le midi de la France, on paie les manouvriers
avec une partie de la récolte, ce qui met le salaire en rapport exact avec la valeur du produit. Pour le blé, l'avoine
et le seigle, dépiqués au rouleau avec un attelage fourni
par le propriétaire ou le fermier, les manouvriers, qu'on
appelle alors solatiers ou estivandiers, reçoivent un neu-
vième de la totalité du grain; pour cela, ils ont sarclé,
moissonné, fait la gerbière, battu, nettoyé les grains, et
entassé ou engrangé les pailles. Ce moyen ne paraît pas
incompatible avec l'organisation des métairies, et pourrait être utilisé dans le Périgord.

Des substances alimentaires.

Le mobile le plus puissant des progrès en agriculture,
est incontestablement la production du fourrage; c'est

lui qui sert à entretenir les bestiaux producteurs des fumiers, lesquels sont indispensables, presque toujours, pour produire des récoltes abondantes. Ce chapitre doit traiter une question non moins importante : c'est l'administration bien entendue des substances alimentaires.

Tous les agriculteurs savent qu'il faut distribuer aux animaux la nourriture qui leur convient, selon l'usage auquel on les destine. Ainsi, pour des animaux de trait, il faut une nourriture qui leur permette de fournir la quantité de travail qu'on peut en attendre; les substances doivent être de nature à maintenir leurs forces, sèches en grande partie, car trop aqueuses elles énerveraient les animaux.

Pour les jeunes bestiaux, les substances doivent être, autant que possible, plus tendres, plus faciles à digérer; les dernières coupes de fourrages (regains) leur sont ordinairement réservées.

Pour les vaches laitières, il est indispensable, afin de favoriser la production du lait, de leur fournir des substances aqueuses, telles que fourrages verts, racines, etc., pendant le plus grand nombre de jours.

Pour les bêtes d'engrais, les substances les plus riches en fécule (telles que pommes de terre cuites), les grains, les fourrages les plus savoureux, doivent leur être consacrés, pour favoriser le développement des tissus musculaires et graisseux.

Nous avons cru utile de joindre à ce chapitre un tableau comparatif des diverses substances alimentaires, le foin étant pris pour terme de comparaison.

Ainsi, si on sait que pour nourrir un bœuf, un mouton, une vache, etc., il faut une quantité connue de foin, ce tableau indiquera la quantité de substances des divers fourrages ou racines qu'il faut administrer. On tiendra compte toutefois de ce qu'il faut un certain volume pour lester l'estomac des animaux, et que ce volume ne doit pas être non plus trop considérable et devenir indigeste. L'attention des cultivateurs suppléera à l'absence de chiffres qu'il est impossible d'indiquer en cette question.

Le bon foin, pris pour unité, égale 100 de son poids.

SUBSTANCES.

Grains.

Froment....................	22
Pois secs...................	27
Seigle et maïs.............	28
Fèves......................	35
Orge......................	41
Vesces et jarrosses........	45
Sarrazin...................	52
Avoine....................	57
Tourteaux de lin..........	59
Glands secs...............	62

p. 100 de foin.

Fourrages.

Sainfoin....	85
Vesces et jarrosses.........	94
Luzerne...................	116
Trèfle.....................	136
Trèfle-incarnat, farouch...	466
Balle de blé....	160
Feuilles d'orme, etc.......	67

p. 100 de foin.

Pailles.

Paille d'avoine........... ..	250
Do d'orge................	270
Do de froment...........	330
Do de seigle............	660
Pointes de maïs sèches.....	135
Maïs en fourrage sec.......	125
Fanes de pommes de terre.	600

p. 100 de foin.

Racines.

Pommes de terre crues.....	180
Do cuites....	170
Betteraves.................	250
Carottes...................	220
Turneps, raves, navets....	450
Topinambours et choux....	550
Châtaignes vertes..........	65
do sèches...........	53

p. 100 de foin.

Il est des substances qui contiennent, en sus de leur valeur nutritive, certains principes stimulants qu'aucune autre nourriture ne saurait remplacer; l'avoine pour les chevaux, par exemple, ne pourrait subir aucune substitution, même par le blé, qui est plus nourrissant. La carotte est presque la seule racine qui, bien qu'inférieure comme substance nutritive à la betterave, peut être administrée aux chevaux sans les affaiblir.

De la comptabilité agricole.

On rencontre rarement dans les exploitations rurales

des cultivateurs qui tiennent des livres où soient consignés les détails des opérations; cette branche de l'administration rurale est pourtant indispensable à une bonne direction. Il est impossible d'obtenir des renseignements précis sur les travaux et sur les produits, si on n'a pas eu le soin d'enregistrer les fonctions de chaque partie du système. Nous reconnaissons que pour les métayers il est peu probable qu'on puisse les engager à tenir des livres, car le plus grand nombre sait à peine lire; mais les propriétaires qui font valoir, ceux même qui surveillent l'exploitation de leurs métairies, trouveraient un immense avantage à tenir des comptes réguliers des opérations qu'ils commandent ou qui s'exécutent sous leurs yeux.

La comptabilité sert à éclairer l'ensemble de l'industrie agricole, et à en vérifier les détails; elle aide à suivre partout, et de manière à fixer sur leur valeur, les procédés de culture qu'on emploie. Les denrées produites par le sol sont si nombreuses et d'une nature si différente, qu'il est plus que difficile de juger le mérite de chacune d'elles sans avoir tenu compte des frais qu'elles nécessitent ou des valeurs qu'elles produisent.

Beaucoup d'agriculteurs intelligents ont éprouvé des revers qui pouvaient être dus à une cause inconnue et qui n'eût certes pu échapper à une comptabilité régulière. Comment savoir si une opération, bonne en elle-même, est réellement fructueuse, si on n'a pas constamment sous ses yeux le décompte de ce qu'elle coûte et de ce qu'elle rapporte?

Nous désirerions vivement que les instituteurs primaires fussent chargés d'enseigner aux enfants la comptabilité agricole : ce serait le meilleur moyen d'en introduire l'usage parmi nos cultivateurs. Cette étude aurait encore une conséquence morale : elle élèverait les hommes aux habitudes d'ordre et d'observation, deux qualités indispensables en agriculture.

Le cadre de notre travail ne nous permet pas d'entrer dans de grands développements sur la comptabilité; nous devons nous borner à l'indication des parties les plus indispensables; nous ne pourrons même que les traiter sommairement.

La première chose à faire quand on veut organiser une comptabilité, c'est de dresser un inventaire détaillé de tous les objets mobiliers qu'on possède, et qu'on groupe sous divers titres. Pour simplifier la tenue des livres, il est important de ne point établir un trop grand nombre de titres de compte, qui pourraient jeter du désordre ou de l'incertitude dans les fonctions de chacun d'eux, ni de les réduire trop, de crainte de confondre leur rôle.

On tient la comptabilité en partie simple ou en partie double : la première n'exerce pas un contrôle suffisant et ne permet pas de rechercher les détails des opérations; la deuxième, quoique la plus parfaite, demande une attention, une quiétude d'esprit qui ne peut se rencontrer chez l'entrepreneur d'exploitation rurale ; car la responsabilité qui pèse sur lui, l'obligation constante de surveiller ou de préparer le travail, l'empêchent de consacrer son temps à passer paisiblement ses écritures.

Sans avoir la prétention de remédier aux inconvénients que nous venons de signaler, il nous a paru avantageux et facile d'établir une comptabilité en partie double, dont nous exposerons la méthode plus loin.

Étant fait l'inventaire sous les titres de compte suivants :

Capital, comprenant les sommes en argent que l'agriculteur veut consacrer à son industrie.

Mobilier de travail, comprenant les animaux de trait, tous les instruments d'agriculture et les objets à l'usage des bestiaux.

Mobilier de rente, comprenant tous les animaux de rente ou de profit, bœufs, chevaux, mulets, vaches, moutons, cochons, volaille, etc.

Caisse, comprenant toutes les valeurs et produits de l'exploitation, réalisés en argent.

Effets à payer, comprenant les obligations à court terme, que le cultivateur contracte envers des tiers qui lui ont fait crédit.

Effets à recevoir, comprenant les obligations à court terme, que des tiers auxquels il a fait crédit ont contractées envers le cultivateur.

Grains en magasin, comprenant tous les grains que le cultivateur possède, de quelque espèce qu'ils soient.

Fourrages en magasin, comprenant tous les fourrages rentrés ou coupés en vert, racines ou tubercules.

Engrais, comprenant tous les fumiers fabriqués dans l'exploitation ou achetés au dehors.

Main-d'œuvre, comprenant toutes les journées payables ou payées aux manouvriers.

Ménage, comprenant toutes les dépenses personnelles du fermier, de sa famille et des agents de l'exploitation.

Cultures, comprenant toutes les avances faites aux cultures, soit en travail, soit en engrais, soit encore en semences.

L'inventaire, dressé avec exactitude et d'après une estimation faite sur le taux de la vente, le cultivateur doit établir son bilan, qui énonce l'actif et le passif de ses affaires.

En supposant l'actif porté à l'inventaire, à.. 12,000ᶠ
S'il doit à divers ou à un seul, ce qui constitue son passif...... 4,000
la somme de 8,000 fr. restant est ce qui constitue sa fortune. Cette dernière opération s'appelle liquider sa

position. Quelque combinaison que l'on adopte, il est indispensable de dresser son inventaire et d'établir son bilan, si l'on veut tenir des écritures régulières.

Du système de comptabilité.

Le système de comptabilité que nous proposons adopte les titres de compte que nous venons de poser. Le *Doit* et l'*Avoir*, ou le *Débit* et le *Crédit* joueront le même rôle que dans toutes les comptabilités. La seule modification que nous voulions introduire, pour éviter l'usage presque impossible d'une foule de livres auxiliaires, est de réduire toutes les relations des titres de compte entre eux à une expression *Numéraire*. Si, par exemple, les fourrages récoltés s'élèvent à 50,000 kilog., on les évalue 2 fr. les 50 kilog., soit 2,000 fr. portés à leur *Avoir*. Que cette quantité soit absorbée, moitié par les *Animaux de travail*, moitié par les *Animaux de rente*, ces deux derniers deviendront débiteurs des fourrages. Que les *Cultures* reçoivent une fumure ou un travail, elles deviendront débitrices du *Fumier* et des *Animaux de travail*, d'après la proportion évaluée en argent, dans laquelle chacun d'eux aura contribué. Que le *Ménage* reçoive 10 hectolitres de blé, il deviendra débiteur de *Grains en magasin*, etc. Or, il y a toujours un créditeur ou un créancier là où il y a un débiteur ; ce qui sera pris à l'un se trouvera à l'autre. Ce système permet, ce nous semble, de retrouver partout la valeur fournie par un quelconque des titres de compte ; plus que la partie simple, qui ne traite que des relations des produits avec ceux qui les achètent, comme dans certaines comptabilités commerciales, elle offre des détails sur les opérations de l'intérieur de l'exploitation, et elle n'a pas l'inconvénient de l'application du trop grand nombre de livres qu'exige la partie double ainsi qu'on la pratique dans quelques établissements agricoles, où on a un comptable à sa disposition. On pourra accuser cette méthode d'amonceler trop de chiffres et trop d'écritures sur le journal; à nos yeux, c'est un mérite; car le cultivateur se convaincra beaucoup mieux, par ce soin, de l'importance, de l'opportunité ou de l'inutilité de certaines opérations, et se familiarisera surtout beaucoup plus avec elles.

DU NOMBRE ET DES FONCTIONS DES REGISTRES.

Deux livres sont indispensables : le Journal et le Grand-Livre; un autre est utile : c'est le Livre de Caisse. Il en est encore un qui peut rendre de grands services pour aider l'expérience : c'est un Livre de tous les travaux, tenu jour par jour, avec un tableau météorologique.

Du Journal.

Le Journal est le livre le plus utile; c'est le seul qui fasse foi; il doit contenir, jour par jour, tous les détails des opérations auxquelles se livre l'agriculteur. Lors de l'ouverture d'un Journal, l'inventaire doit y figurer dans tous ses détails. Chaque titre de compte se sépare des autres à la fin de l'énoncé des articles qui le composent. Les fonctions de titre de compte s'y énoncent par *Doit* et *Avoir* ou *Débit* et *Crédit,* ou simplement par *A* et *De;* doit *A,* avoir *De.* Les articles passés doivent exprimer, avec concision et clarté, l'emploi qu'ils exercent dans l'administration du domaine. Le Journal doit indiquer les jour, mois et an, sans lacune et superposition de date. Une colonne, à la gauche de chaque feuille, est destinée à recevoir les chiffres du folio du Grand-Livre auquel l'article passé correspond.

Nous donnons ci-après un modèle de Journal avec note d'un article de *Doit* et *Avoir* .

FOLIO du Gd.-Livre.	DATES.			Doit.		Avoir.	
				F.	C.	F.	C.
70	1852 Septem.	5	*Mobilier de travail à Pierre :*				
			Une charrette complète, prix fixé.	150	»	»	»
55	Septem.	8	*De Jean Michel, grains en magasin :*				
			15 hectol. blé vendu à 20 fr..	»	»	300	»

Du Grand-Livre.

Sur le Grand-Livre viennent se grouper et se distribuer, sans exception, toutes les opérations séparées qu'on exécute dans l'industrie agricole. Dans les nombreuses cases attribuées aux personnes ou choses qui ont des rapports avec l'exploitation, l'industriel peut voir d'un coup d'œil sa situation vis-à-vis de tous et chacun des comptes ouverts. Ce livre joue un rôle très-important dans la comptabilité, car il est le résumé partiel de chaque détail de l'entreprise. Le Journal enregistre les opérations dans l'ordre journalier où elles se produisent les unes à la suite des autres, sans distinction, et vient les déverser sur le Grand-Livre dans l'ordre que chacun des titres intéressés y occupe. Les écritures doivent énoncer, le plus succinctement possible, les articles plus détaillés du journal.

Le Grand-Livre doit être distribué de la manière suivante :

1852.					Crédit.	Totaux.
Septem.	5	20	35	Pierre (mobilier).		
				Une charrette..............	» »	150 »

Une fois l'article passé ainsi qu'il a été indiqué, il faut chercher l'article *Mobilier*, et y enregistrer la contrepartie de la même écriture.

Du Livre de Caisse.

Le Livre de Caisse sert à enregistrer les somme reçues ou payées. Il n'est question sur ce livre que des opérations d'argent. La caisse opère par débit lorsqu'elle reçoit, et crédit lorsqu'elle paie. Lorsqu'on fait la balance de la caisse, on fait l'addition du doit et de l'avoir ; on ajoute à celui-ci l'argent trouvé en caisse. La différence se balance par un déficit ou un surplus, qu'on porte à nouveau sur l'exercice du jour ou mois suivant, selon qu'on fait sa caisse tous les jours ou tous les mois.

Du Livre des Travaux.

Alors même que les cultivateurs répugneraient à l'adoption d'une comptabilité régulière, ou tout au moins à une comptabilité, nous leur conseillerons de ne pas négliger de tenir des notes sur leurs travaux et sur l'état météorologique sous l'influence duquel ils se sont accomplis. En effet, où peut-on trouver un meilleur enseignement que dans l'observation? La pratique sans observation ne saurait être instructive; l'observation, dont on conserve les souvenirs, forme les idées, les modifie et les épure. Après un grand nombre d'années, quelques cultivateurs ont acquis l'expérience que tel travail, accompli dans de certaines conditions, a eu un résultat favorable ou fâcheux. En supposant qu'ils aient pu sans cela profiter de leurs observations, ils auraient été utiles à d'autres en les consignant. Un travail qui demande à peine dix minutes par jour, pourrait rendre de grands services.

Il suffit de se procurer une main de papier, mettre le jour, le mois et l'année; indiquer le point d'où vient le vent, la température et le temps qu'il a fait le matin, à midi, le soir; s'il a plu la nuit. Au-dessous et avec la même date, indiquer les travaux de tous genres qu'on a exécutés sur le domaine. Ces détails, très-faciles à consigner, peuvent fournir plus tard des renseignements précieux, et indiquer peut-être le moyen de remédier à certains inconvénients produits par les causes qu'on a observées.

Des assolements.

L'observation et la pratique ont démontré que certaines plantes réussissaient mieux après quelques-unes qu'à la suite de certaines autres; que parmi les plantes cultivées, les unes épuisaient le sol et favorisaient les mauvaises herbes; que d'autres pouvaient permettre, par la nature des travaux qu'elles exigent, la destruction des plantes nuisibles; et que d'autres encore amélioraient le sol, par les débris qu'elles y laissent. L'art de faire succéder ces divers végétaux, selon le rang utile que chacun d'eux occupe, a pris le nom d'assolement, cours de culture ou rotation.

Pour bien former ses idées sur l'adoption d'un assolement, il est indispensable de connaître toutes les parties qui concourent à son ensemble; pour en calculer toute la portée, il faut absolument posséder certaines connaissances économiques. C'est par ce motif que nous avons placé cette étude après les autres.

La première chose à faire pour rechercher un assolement, c'est de s'être bien assuré de la nature de la propriété, de sa situation quant au climat, du degré de fertilité du sol, de sa configuration, de sa ténacité et de sa perméabilité. En second lieu, recueillir des renseignements bien précis sur les débouchés des produits, sur ceux dont le débit est le plus assuré et le plus profitable.

On devra examiner, à la suite de ces dernières observations, quelles sont les plantes qui réussissent le mieux dans le pays, et organiser la culture de manière que la succession de l'une ne soit pas antipathique à la précédente; que si elle est épuisante, celle qui la suivra devra être améliorante; que si la première facilite la croissance des mauvaises herbes, la seconde en permette l'extirpation.

Il est reconnu que les plantes qui viennent à maturité sont épuisantes à des degrés différents; que celles qui se fauchent en vert n'altèrent nullement la fécondité du sol, et d'autant moins qu'on les coupe à un temps plus éloigné de l'époque de la floraison.

Nous classerons les plantes selon le rôle qu'elles

jouent dans leurs rapports avec le sol : 1° en plantes sarclées, qui nettoient le sol et servent à le préparer ; 2° en plantes améliorantes ou étouffantes, qui laissent des débris fertilisants dans le sol, et étouffent les mauvaises herbes ; 3° en plantes épuisantes ou salissantes.

Ces préliminaires posés, indiquons les principes généraux d'un bon assolement :

1° Il faut intercaler les récoltes épuisantes et les récoltes améliorantes, afin d'éviter l'épuisement du sol.

2° Les récoltes sarclées doivent revenir assez souvent, pour maintenir le terrain nettoyé des plantes nuisibles. Le fumier doit être appliqué de préférence sur cette culture. Les nombreuses façons qu'elle reçoit favorisent la destruction des semences étrangères que le fumier contient presque toujours, et dont au moins il facilite la germination.

3° Les plantes de même famille doivent se succéder à des intervalles assez éloignés, surtout la luzerne, le sainfoin et le trèfle. On doit les semer sur la céréale qui suit la récolte sarclée.

4° L'assolement qu'on adopte doit produire assez de fourrage pour nourrir un nombre de bestiaux suffisant pour produire une quantité de fumier en rapport avec celle que l'assolement lui-même demande, à moins cependant que les prairies naturelles ne comblent la lacune.

5° La plus grande somme de profit net obtenu en améliorant le sol, est la preuve du meilleur assolement.

6° La longueur d'un assolement, ou sa courte rotation, varient selon l'état de fertilité du sol. Cela est presque invariable, si on ne possède un moyen de se procurer des engrais considérables en dehors de l'exploitation. Il y a pourtant une exception pour le terrain très-léger, où il est plus avantageux de fumer souvent et moins à la fois. Dans cette circonstance, la fertilité n'est pas une indication pour la longueur d'un assolement.

7° L'assolement doit encore être combiné de telle manière qu'il divise les travaux le plus possible sur le plus grand nombre de jours.

En vue de leur application aux métairies du département, nous allons exposer quelques tableaux d'assolement, pour faciliter l'intelligence des enseignements que nous venons de fournir. Ces tableaux seront divisés en trois catégories : 1° terrains fertiles ; 2° terrains moyennement fertiles ; 5° terrains pauvres.

Assolements des terres fertiles.

1re année, fèves, colza, haricots, pois sur fumure.

2e id. blé d'hiver avec trèfle.

5e id. trèfle.

4e id. blé.

5e id. fourrages, vesces ou tubercules, maïs.

6e id. orge ou avoine.

Dans cet assolement, toute la fumure se donne sur la première année de récolte sarclée. La récolte faite au mois de juillet laisse assez de temps pour préparer la terre où doit être placé le blé, et qui constitue la deuxième année. Dans le blé, on sème, à la saison qui paraît la plus favorable, la graine de trèfle, qui sera fauchable la troisième année. Sur le défrichement du trèfle, on sème encore du blé sur un seul labour recouvert avec la herse, et qui constitue la quatrième année. Sur le blé, on sème moitié ou un tiers de la division en fourrage vert ; le reste en pommes de terre, betteraves ou maïs ; on est ainsi arrivé à la cinquième année. La sixième et la dernière année, on sème sur le fourrage

vert de l'avoine d'hiver, et si le temps manque pour ensemencer sur les maïs ou racines, on fait de l'avoine ou
orge de printemps, et on recommence comme à la première année. Par cette intercalation de récoltes, on est
dans le principe d'une bonne succession de culture,
quant à la question de l'épuisement et du nettoiement.
Examinons maintenant comment ce système se recom-
pose sous le rapport du produit.

Sur les six années, nous trouvons : trois années de céréales (deux en blé, une en orge et en avoine); une en
fèves, colza, pois ou haricots; deux en fourrage, plus
le grain du maïs. Cet assolement serait facile à introduire dans les bonnes terres qui sont sous le régime
biennal, car il n'en est qu'une modification. Il a sur ce
dernier l'avantage de constituer une part plus grande et
plus fixe au fourrage, et de déterminer une fumure régulière qui permet de constater avec plus de certitude
l'efficacité des engrais; et à proportion que le fourrage
augmente, la quantité de fumier doit augmenter aussi,
de sorte qu'à la deuxième rotation, on peut espérer, par
ce moyen, donner au sol une fertilité supérieure et l'a-
méliorer ainsi progressivement. Le trèfle, qui n'a de longue réussite que tout autant qu'il y a plusieurs années
de distance entre les semis, ne revient dans ce cours
que tous les six ans.

Autre exemple.

1re année, pommes de terre, maïs, betteraves, raves, etc.; sur fumure.
2e   id.   orge, avoine ou blé de mars, avec semis
de trèfle.
5e   id.   trèfle.
4e   id.   blé d'hiver.

5e année, raves, fourrages verts, et vesces, seigle, etc.
6e id. blé.

(Dans les terres très-riches),

On peut établir une division de la propriété en cinq parties. L'une, et la meilleure, est destinée à une sole de luzerne, qu'on cultive ainsi :

1re année, pommes de terre, maïs, betteraves, raves, carottes, choux ou ratabagas fumés.

2e   id.   Après un ameublissement complet du sol, semis d'avoine avec luzerne, au printemps ; le tout fauché en vert. Si le sous-sol est favorable, la luzerne peut durer neuf à dix ans.

Pour les quatre divisions restant :

1re année, fèves en ligne, pois, haricots, colza repiqué, avec fumure.

2e   id.   blé dont moitié avec semis de trèfle.

5e   id.   fourrages annuels (vesces, seigle ou avoine); raves, trèfle.

4e   id.   blé.

On conçoit que ces assolements doivent varier en raison du degré de fertilité des terres, ou de la quantité d'engrais dont on dispose.

Assolements des terres calcaires des coteaux ou des hautes plaines, d'une fertilité moyenne.

Il serait utile d'établir dans ces terres une sole de sainfoin, qui peut durer cinq à six ans, et qui serait pendant ce temps hors d'assolement.

1re année, pommes de terre, maïs, raves fumées.
2e   id.   blé d'hiver, avec sainfoin.
5e, 4e, 5e, 6e, 7e années, sainfoin.

Pour les autres soles :

1re année, pommes de terre, maïs, raves fumées.
2e   id.   orge et avoine avec trèfle.
5e   id.   trèfle.
4e   id.   blé.
5e   id.   vesces, seigle, orge ou avoine en vert,
         raves.
6e   id.   blé.

Ou bien, pour des terres un peu moins fertiles :

La meilleure terre consacrée au sainfoin, comme au précédent.

Les autres soles :

1re année, jachère ou pas de récolte avec fumure, et
         préparation pour le blé.
2e   id.   blé avec trèfle.
5e   id.   trèfle.
4e   id.   blé.
5e   id.   fourrages verts, raves.
6e   id.   orge ou avoine.

Pour les terres d'une fertilité médiocre :

1re année, jachère avec fumure.
2e   id.   blé avec trèfle ou lupuline.
5e   id.   trèfle ou lupuline.

4e année, pâturage de la sole précédente, si elle n'est
pas fauchable.

5e   id.   orge, avoine ou blé.

6e   id.   fourrage vert, raves et jachère.

7e   id.   pommes de terre, fèves, maïs, pois, etc.

Nous voudrions voir dans ces terres réduire la culture
du maïs, qui est très-épuisante; mais comme un assolement qui exclurait la culture des plantes dont on a con-
tracté l'habitude et le besoin, serait toujours repoussé,
nous avons cru devoir maintenir néanmoins le maïs,
mais dans une moindre proportion.

Assolement des terres pauvres (sableuses).

1re année, jachère fumée.

2e   id.   seigle avec trèfle jaune ou lupuline.

3e   id.   pâturage.

4e   id.   pâturage.

5e   id.   pâturage.

6e   id.   seigle.

Dans l'indication des cours de culture que nous venons d'exposer, il peut y avoir bien des modifications à
apporter; le cultivateur judicieux saura changer ou remplacer les plantes selon ses besoins, sa position, la nature variable de son fonds, selon ses degrés de fertilité,
d'humidité ou ses différences d'exposition : ces tableaux
ne serviront qu'à le guider sur l'organisation de son assolement.

Un tableau d'assolement complétera l'explication de
cette partie importante d'une culture éclairée.

Divisions ou soles.

	1.	2.	3.	4.	5.	6.
1re ANNÉE.	Fèves, etc.	Blé.	Trèfle.	Blé.	Fourrage vert.	Blé.
2e ANNÉE.	Blé.	Fèves.	Blé.	Trèfle.	Blé.	Fourrage.
3e ANNÉE.	Trèfle.	Blé.	Fèves.	Blé.	Trèfle.	Blé.
4e ANNÉE.	Blé.	Trèfle.	Blé.	Fèves.	Blé.	Trèfle.
5e ANNÉE.	Fourrage vert	Blé.	Trèfle.	Blé.	Fèves.	Blé.
6e ANNÉE.	Blé.	Fourrage vert.	Blé.	Trèfle.	Blé.	Fèves.

Ce tableau indique un cours de culture complet, soit qu'on le prenne dans la colonne des divisions, soit dans celle des années.

Le tableau suivant est dressé selon l'assolement avec prairie artificielle hors sole, et le moyen employé pour arriver à l'assolement complet.

Divisions.

	1re ANNÉE.	2e ANNÉE.	3e ANNÉE.	4e ANNÉE.	5e ANNÉE.	6e ANNÉE.	7e ANNÉE.	8e ANNÉE.
1.	Plantes sarclées.	Orge et avoine.	Sainfoin.	Do.	Do.	Do.	Do.	Avoine sur défrichement.
2.	Jachère.	Blé.	Trèfle.	Blé.	Fourrage vert.	Blé.	Blé.	»
3.	Blé.	P. S.	Orge et avoine.	Trèfle.	Blé.	Fèves.	»	»
4.	Fèves.	Blé.	P. S.	Orge et avoine.	Trèfle.	Blé.	Blé.	»
5.	Blé.	Fèves.	Blé.	P. S.	Orge et avoine.	Trèfle.	Trèfle.	»
6.	Jachère.	Blé.	Fèves.	Blé.	P. S.	Orge et avoine.	Orge et avoine.	»
7.	Avoine.	Jachère.	Jachère.	Blé.	Fèves.	Blé.	Orge et avoine.	Sainfoin.

D'après ce tableau, on est en plein assolement à la sixième année. Les cultures des divisions qui ne sont pas encore entrées dans le cours, sont combinées de manière à fournir toujours la plus grande quantité de paille, et l'introduction de la jachère permet de porter tout le fumier sur la sole des plantes sarclées, qui est la première dans la rotation. Arrivé à la sixième année, il faut reconstruire une division de sainfoin pour remplacer la première dans le cours des autres.

Cette combinaison de culture donne sur les sept divisions, décomposées selon leur produit : trois divisions en céréales ; une en maïs, fèves, betteraves ou pommes de terre ; deux en fourrages vivaces, sainfoin et trèfle ; une en fourrages annuels. Le travail des attelages se trouve peu encombré, et la variété des produits assez nombreuse.

Nous avons passé en revue les branches les plus usuelles de l'économie agricole. Nous aurions pu entrer dans des détails et des calculs plus étendus, mais qui nous auraient conduits au delà des limites que nous ne pouvons franchir. Ces chiffres et ces détails, pris d'ailleurs dans des positions qui auraient manqué d'analogie avec les différentes situations agricoles de notre pays, eussent été peut-être une cause d'erreur pour ceux qui voudraient se laisser guider par nos idées, et toujours très-inutiles à ceux qui refuseraient de les accueillir. Il nous a semblé que poser des principes, en tirer des conséquences pratiques, valait mieux que préciser certaines opérations dont les résultats sont si variables.

IVᵉ PARTIE.

DU PLAN DE CULTURE.

DÉFINITION.

Le plan de culture est l'analyse des moyens employés pour exploiter un domaine avec profit.

Les calculs reposent, d'après la connaissance aussi exacte que possible de la propriété et de ses ressources, sur les données connues du chiffre des divers produits, de leur valeur commerciale et des avances qu'ils nécessitent. Bien que les prévisions soient entièrement hypothétiques, elles doivent être basées sur les faits acquis par la pratique de la contrée où se trouve le domaine.

Dans l'étude du plan ou projet de culture qui va suivre, nous prendrons la propriété telle qu'elle est, selon ses divisions en petits domaines ou métairies. Il sera facile d'étendre cette étude à des domaines plus considérables, en donnant une augmentation proportionnelle aux calculs prévisionnels qu'il faudra établir.

Propriété à exploiter.

Il est donné une propriété située dans le canton de Monpazier, arrondissement de Bergerac, département de la Dordogne.

L'industrie du pays offre peu de ressources. L'extraction et le transport du minerai de fer ou de la fonte, produite par les forges, forment toutes les ressources industrielles, qui n'ont de rapport avec l'agriculture que par les fourrages dont elles favorisent la consommation.

Le commerce du bétail y est très-considérable, en veaux, vaches, bœufs, cochons gras ou nourrains, mulets, ânons et volaille. Le commerce des autres productions agricoles est peu important. A part les châtaignes, dont il se fait un grand débit pour l'exportation hors du département, le blé vendu en dehors de la consommation locale est en petite quantité. Il est très-onéreux de le transporter sur les marchés voisins, à cause de l'inviabilité des chemins; son prix moyen est de 15 fr. Le maïs, le seigle, l'avoine et le chanvre, se consomment dans le pays. Les prairies qui entourent le chef-lieu suffisent à la consommation des acheteurs; on ne trouve pas à vendre ses pailles ni à acheter du fumier. Les engrais fabriqués sont hors de portée et coûteux à se procurer. Les vins, même de bonne qualité, se vendent mal; mais ils sont appelés à avoir de la faveur aussitôt qu'ils pourront être dirigés sur Bordeaux.

La distance du domaine au chef-lieu de canton est de 5 kilomètres; les chemins vicinaux et d'exploitation sont, pour la plupart, en mauvais état.

On trouve facilement des ouvriers dans le pays. Le prix de la journée est de 1 fr. 25 c. l'été et de 90 c. l'hiver, en les employant une partie de l'année. Ils se chargent volontiers des travaux à la tâche.

On trouve aussi des voituriers qui se chargent de divers transports à la tâche, ou à raison de 4 fr. par jour, avec un attelage de deux bêtes.

La propriété est composée :

1° D'un corps de domaine attenant à la maison d'habitation, comprenant des terres de diverses natures, prises sur celles des métairies qui l'entourent de tous côtés, pour en faire une exploitation de réserve, affermée pour le moment, mais que le propriétaire veut faire valoir. La contenance est de 20 hectares, sans y comprendre une vigne et une prairie de réserve.

Les terres arables, exploitées selon l'assolement biennal à blé et maïs, produisent, par le fermage, 750 fr.

2° D'une métairie dont les terres arables sont argilosiliceuses profondes. Sa contenance, de 10 hectares, varie de fertilité : ce sont des coteaux peu rapides. La production moyenne est de 45 hectolitres de blé et de 50 hectolitres de maïs; il faut deux paires de bœufs pour le travail. Les prairies, insuffisantes, sont basses; une partie est marécageuse, mais facile à égoutter. Le foin de ces prés est de médiocre qualité, et de 7,500 kilog. pour 5 hectares.

3° D'une autre métairie, composée de terres argilociliceuses ou silico-argileuses (boulbènes ou bouvées), située sur une petite plaine au bout de laquelle on trouve un banc de marne. Son étendue, en terres labourables, est de 12 hectares, travaillés par deux paires de vaches de forte taille. Elle produit une récolte très-variable de 25 à 50 hectolitres en blé et 15 hectolitres en avoine. Les prés sont secs, de bonne qualité, mais en petite quantité; leur étendue, d'un hectare et demi, donne 5,000 kilog. de foin.

4° D'une troisième métairie, placée au midi des deux dernières, dont le sol est calcaire, plus ou moins pierreux, mais fourni d'une couche végétale qui varie de 10 à 20 centimètres de profondeur. Le sous-sol consiste en pierres faciles à extraire et que la charrue amène quelquefois à la surface. La contenance de cette métairie est de 20 hectares; ce sont des petites plaines d'une étendue variable, surmontées de petits coteaux. Elle est exploitée par une paire de bœufs et une paire de vaches de taille moyenne. Sa production est très-variable, surtout pour le maïs. On récolte de 50 à 55 hectolitres de froment, et de 15 à 40 hectolitres de maïs.

L'intention du propriétaire est d'établir une vigne sur cette métairie; il désire qu'elle ait 5 hectares pris dans les coteaux situés au midi et au levant, et qui ne sont pas utilisés par la culture; ce sont de maigres pâturages.

5º D'une dernière métairie, d'une étendue de 40 hectares en terres labourables, châtaigneraies ou friches; la nature du sol est sableuse; sa profondeur est de près de 66 centimètres. A part quelques terres autour des bâtiments, 4 hectares environ, le reste des terres ne produit qu'une récolte en seigle fort chétive. Les animaux de travail se composent de deux paires de vaches de petite taille. Le produit consiste en 10 hectolitres de blé et 12 hectolitres de seigle. Les vaches vont pâturer sur les terres ou dans les bois. Le propriétaire veut faire un semis de pins sur les terres incultes.

Les prés qui fournissent les foins aux deux dernières métairies, sont situés sur le bord d'un ruisseau assez abondant. Le sol de ces prés est sain, l'herbe est rare et peu tassée. Le produit est de 2,000 kilog. pour la métairie nº 4, et de 1,500 kilog. pour le nº 5. Sa contenance est de 2 hectares et demi.

Avec les débris de maïs, quelques pommes de terre, certaines herbes, et encore avec un peu de son acheté, on élève quelques cochons qui donnent un faible bénéfice, 20 fr. par métairie environ. Chaque métairie possède encore un troupeau de vingt à vingt-cinq moutons, dont le bénéfice moyen est de 50 fr. pour chacune.

6º De bois taillis peu fournis, à essence de chêne noir

et blanc, qui vient bien, mais qu'on coupe trop tôt et très-mal, à l'âge de dix ans. Le produit par coupe de 4 hectares est de 600 fr.; la contenance totale des bois est de 40 hectares.

7° D'une prairie de réserve de la contenance de six hectares, affermée 400 fr., et que le propriétaire reprend dans l'intention de l'améliorer; le fonds de cette prairie est de bonne qualité, assez profond; quelquefois submergé, d'autres fois exposé à la sécheresse, le produit de cette prairie est très-variable de quantité et de qualité; l'assainissement en est facile et l'irrigation praticable; un cours d'eau assez abondant passe sur l'un des plus longs côtés.

8° D'une bruyère et pâturages maigres dont le sol est silico-argileux, d'une contenance de vingt hectares.

9° D'une vigne en bon état quoique un peu vieille, et qui produit en bon vin 7 hectolitres à l'hectare; sa contenance est de trois hectares.

10° D'une maison d'habitation située au milieu du domaine, vaste, commode et entourée d'un jardin, verger, et de plantations d'ormes, érables et tilleuls. La superficie de cette parcelle est de deux hectares.

Le propriétaire, en achetant ce domaine, a établi le prix total sur les évaluations détaillées ainsi qu'il suit :

Pour 10 hectares de 1re classe, à 1,250 fr.
l'un.. 12,500f

Pour 20 hectares de 2e classe, à 1,000 fr.
l'un.. 20,000

Pour 50 hectares de 3e classe, à 750 fr.
l'un... 22,500

Pour 75 hectares de 4e classe, les bois et les vignes compris dans cette classe, à 550 fr. l'un.............................. 41,250

À reporter.............. 96,250f

Report.................	96,250^f

Pour 55 hectares compris dans la 5e classe, à 500 fr. l'un...................... 10,500

Pour 10 hectares, terres incultes ou friches, à 150 fr. l'un...................... 1,500

  TOTAL des 180 hectares......... 108,250^f

Les bâtiments d'exploitation, maison d'habitation, le tout en très-bon état, estimés dans leurs rapports avec le pays et le domaine...................... 20,000

Le cheptel, animaux et mobilier, d'après son importance relative avec l'exploitation................. 5,750

  TOTAL du prix d'acquisition...... 152,000^f

Il faut ajouter à ce prix :

Les frais d'enregistrement de l'acte de vente........................... ... 7,995^f 50^c

Honoraires, frais de quittances, mainlevée d'hypothèques et expéditions, etc............................ 1,006 70

  TOTAL général du prix de la propriété. .... 141,000^f » ^c

Revenus.

Elle produit, année moyenne :

Par le fermage des terres de réserve.............	750^f
Par le fermage du pré de réserve.................	400
Par le produit des coupes de bois.................	600
Par le vin, 21 hectolitres, à 10 fr. l'un...........	210
Par le blé, 60 hectolitres, à 15 fr. l'un.........	900
Par le maïs, 50 hectolitres, à 10 fr. l'un........	500
A reporter............	5,560^f

Report......... .... 5,560f

Par l'avoine, 10 hectolitres, à 6 fr. l'un......... 60

Par le seigle, 5 hectolitres, à 12 fr. l'un........ 60

Par les châtaignes, 100 hectolitres, à 2 fr. l'un. 200

Par les noix, 20 hectolitres, à 5 fr. l'un 100

Par les prunes, 500 kil., à 15 fr. les 50 kil..... 150

TOTAL des produits..................... 5,950f

Frais.

Les impôts, en sus de la portion payée par les
métayers...................................... 590f

Frais de garde de la propriété. 150

Sinistres occasionnés par la grêle, le
brouillard, les gelées ou les très-fortes
pluies, 10e du revenu produit............. 590

TOTAL des frais...................... 950f

Il reste au propriétaire, pour produit annuel
net. 5,000f

Le propriétaire, convaincu qu'il obtiendrait des revenus plus considérables avec un système de culture
plus éclairé, et décidé à avancer pour une méthode
améliorante 54,000 fr., dont 20,000 fr. resteraient amor-
tis dans le sol, et le surplus, 14,000 fr., serait consacré
au capital de circulation, demande un projet de culture
dont les calculs prévisionnels lui donnent autant que
possible la garantie d'un bon placement; il tient surtout
à conserver les métayers qu'il a et qui sont disposés à
le seconder.

Projet de culture. — Ayant sous les yeux le plan ca-
dastral et topographique de la propriété, nous avons exa-

miné celle-ci dans toutes ses parties, et étudiée dans tous ses détails. Connaissant les ressources qu'offrait le commerce local, pénétré de l'idée que les productions autres que celles du pays donneraient de la perte par leur transport au loin, nous avons dû préférer celles-ci, avec réserve de leur donner les moyens du plus profitable écoulement. Cette production, à laquelle nous accordons une préférence calculée et basée sur l'étude de toutes les spéculations, est celle des animaux d'élève, d'engrais ou de croît, et des grains du plus facile et plus fructueux débit.

Cela posé, il a fallu chercher un assolement qui, en rapport avec le climat, le sol et les ressources en argent, pût s'harmoniser avec la nature de la spéculation adoptée. Pour y parvenir, il a été utile de savoir si les végétaux que le sol comporte par sa nature, pouvaient être fournis en quantité et qualité suffisante pour rendre la spéculation lucrative.

Prenant le nº 1er (la propriété de réserve), nous avons examiné les terres, leur nature, leur état de fertilité, les plantes qu'elles peuvent produire avec profit, et les améliorations foncières dont elles sont susceptibles. De cet examen, il est résulté que le sol est mal cultivé, que la nature des terres est variable dans une proportion presque égale :

1º De terres argileuses froides, mais riches en débris organiques, d'un travail difficile ; que les plantes qui y réussissent le mieux sont le blé gros, les fèves, le maïs, le trèfle de Hollande et la vesce ; que les améliorations consistent en fossés d'assainissement, en défoncement et amendement.

2º De terres calcaires assez profondes, d'une grande puissance de végétation, mais appauvries par une culture épuisante, susceptibles de produire des blés fins, du maïs, des fèves, des pommes de terre, de la luzerne, de l'esparcette et des fourrages annuels; que l'engrais était ce qui leur manquait le plus.

5° De terres silico-argileuses plus ou moins consistantes, à sous-sol peu perméable dans la moitié de leur étendue; que ces terres peu fumées produisaient peu, mais que le blé fin, le trèfle, l'avoine et le seigle y réussissaient quelquefois très-bien, et que le marnage leur était indispensable pour arriver à un très-haut degré de fertilité.

4° De terres sableuses d'une nature moyenne comme consistance, assez fraîches, très-épuisées et couvertes de mauvaises herbes, ayant produit de beaux seigles, de la betterave et des pommes de terre. Il n'y a été essayé aucun semis de fourrage.

Avec ces données, nous avons étudié l'assolement convenable à cette situation, et sommes arrivés à arrêter le suivant. Selon la nature du sol et son état de fertilité, les fourrages et les plantes granifères changent d'espèces pour lui être appropriés.

L'assolement adopté a une rotation de quatre ans :

1re année, fèves, maïs, betteraves et pommes de terre fumés.
2e id.   orge, avoine de printemps ou sarrazin, avec graine de trèfle de Hollande et lupuline.
5e id.   trèfle et lupuline.
4e id.   blé ou seigle.

Nous divisons les 20 hectares de ce domaine en cinq parties, quatre pour l'assolement, la cinquième pour une prairie artificielle en luzerne et sainfoin, que la nature des terres argilo-siliceuses et calcaires nous permet d'établir avec avantage la première année, et qui se trouvera hors du cours de culture.

Le tableau ci-après expliquera les moyens mis en pratique pour entrer en assolement, et la marche de celui-ci.

	1ʳᵉ ANNÉE.	2ᵉ ANNÉE.	3ᵉ ANNÉE.	4ᵉ ANNÉE.
1.	Culture sarclée.	Av. ou orge pr.	Trèfle ou lupul.	Blé.
2.		Culture sarclée.	Avoine ou orge.	Trèfle et luzerne.
3.			Culture sarclée.	Avoine ou orge.
4.				Culture sarclée.
5.	Prairie artificielle en luzerne, ou sainfoin, pour cinq ou sept ans.			

Culture intermédiaire pour arriver à l'assolement complet.

Cet assolement, calculé dans ses rapports avec l'amélioration progressive et constante du sol, dans ceux aussi du meilleur parti à en tirer comme production, peut donner les résultats suivants :

Sur 20 hectares, 8 sont consacrés à la production du fourrage d'une manière permanente. Prenant pour guide ce qu'on obtient dans le pays sur des prairies artificielles, établies dans des conditions même inférieures, le produit obtenu des 8 hectares peut être prévu à 4,000 kil. par hectare, ou, pour les 8 hectares. . . **52,000 k.**

Sur 4 hectares de plantes sarclées, 2 sont consacrés, 1 aux betteraves, 1 aux pommes de terre. Produit pour les betteraves, 20,000 kil.; leur valeur en foin, à 250 p. 100, égale. **8,000**

Produit pour les pommes de terre, 200

A reporter. . . . . **40,000 k.**

Report................... 40,000 k.

hectolitres, ou bien en poids 15,000 k.; leur
valeur en foin, à 200 p. 100, égale..... 6,500

Des pointes de maïs sur 1 hectare et
demi; leur poids en fourrage sec, égale.. 750

Demi-hectare de féverolles semées en ligne, dont le produit est de 15 hectol. man-
gés par le bétail, et dont la valeur égale. 5,250

Sur 4 hectares d'orge ou d'avoine, la
production en avoine étant de 70 hectol.
pesant 5,500 kil., le poids de la paille, qui
est du double, sera 6,500 kil., à 250 p. 100
du foin, égale....................... 2,800

2 hectares en orge, à 55 hectol., ou 70
hectol. pour 2 hectares, pesant 5,250 kil.;
la paille, double de ce poids, ou 10,500 kil.,
à 270 p. 100 du foin, égale........... 4,050

Sur 4 hectares de blé, à 20 hectol. par
hectare, ou 80 hectol. pesant 6,250 kil.,
la paille pesant deux fois et demi ce poids,
ou 15,625 kil., à 540 p. 100 en foin, égale. 4,550

TOTAL des substances fourragères.. 61,900 k.

Produits en grains.

80 hectolitres de blé, à 15 fr. l'un.... 1,200 f
70 hectolitres d'orge, à 8 fr. l'un..... 560
70 hectolitres d'avoine, à 6 fr. l'un.... 420
50 hectolitres de maïs, 20 hectolitres par
hectare, à 10 fr. l'un................ 500

TOTAL des produits réalisés en argent. 2,480 f

Sur les 61,900 kil. de foin, il en est con-

A reporter............. 2,480 f

	Report.....................	2,480f

sommé 20,000 par les animaux de travail ;
reste 41,900 kil. payés par la spéculation
du bétail de croît et de commerce, à 1 fr.
10 c. les 50 kil., soit................ 920

| | TOTAL du produit brut........ | 5,400f |

Frais.

Semences : 8 hectolitres blé, à 15 fr. l'un.	120f
— 5 hectolitres avoine, à 6 fr. l'un.	50
— 5 hectolitres orge, à 8 fr. l'un.	40
— 75 kil. graine de trèfle, à 50 c. l'un..................	75
Culture des céréales, moisson, battage, à 1 fr. par hectolitre, pour 220 hectolitres.	220
Façon aux plantes sarclées, 15 fr. par hectare, arrachage compris...........	60
Fauchaison, fenaison et rentrée des fourrages, 10 fr. par hectare..........	80
Deux laboureurs, gages et nourriture, à 250 fr. l'un, soit..................	500
Une fille de basse-cour................	185
Un domestique pour panser les animaux, soigner le fumier................	250
TOTAL des frais........	1,560f

Cet assolement, où le produit n'a rien d'exagéré, car
on peut s'assurer qu'il existe dans le pays des terres traitées avec soin et beaucoup moins fumées que ne peuvent
l'être celles-ci, qui donnent au moins le chiffre de récolte
que nous avons posé ; cet assolement est peu compliqué,
facile à introduire, et les plantes cultivées ne sont pas
étrangères à la localité ; leur succession dans la culture

se retrouve souvent, dans une foule de métairies, sur une plus petite étendue. Nous n'avons fait qu'augmenter et régulariser leurs proportions.

Métairie n° 2.

L'assolement de cette métairie, dont les terres sont d'une nature argilo-siliceuse, mais profonde, est de six ans.

1re année, maïs et betteraves, fumés.
2e   id.   avoine avec trèfle.
3e   id.   trèfle.
4e   id.   blé.
5e   id.   fèves et vesces.
6e   id.   blé.

Une septième division est réservée pour établir une luzernière. Un propriétaire voisin a dans les mêmes conditions un petit champ de luzerne fort belle.

Divisions.

	1.	2.	3.	4.	5.	6.	7.
1re ANNÉE.	Récolte sarclée.						
2e ANNÉE.	Avoine.	Récolte sarclée.					
3e ANNÉE.	Trèfle.	Avoine.	Récolte sarclée.				
4e ANNÉE.	Blé.	Trèfle.	Avoine.	Récolte sarclée.			
5e ANNÉE.	Fèves et vesces.	Blé.	Trèfle.	Avoine.	Récolte sarclée.		
6e ANNÉE.	Blé.	Fèves et vesces.	Blé.	Trèfle.	Avoine.	Récolte sarclée.	

Culture intermédiaire pour arriver à l'assolement complet.

La division en luzerne hors du cours de culture.

Cet assolement, arrivé au moment où toutes les ter-res sont sous son régime, doit produire les résultats sui-vants, calculés toujours d'après les produits d'un sol voi-sin, qui est sous l'influence d'une bonne culture. L'étendue de cette métairie étant de dix hectares, chaque division est de 1 hectare 40 ares.

Sur 1 hectare 40 ares de luzerne, à 5,000 kil. par hectare........................... 7,000 k.

Sur 1 hectare 40 ares trèfle, à 4,000 kil. par hectare........................... 5,600

Sur 1 hectare 40 ares vesces ou fèves... 5,500

Sur 40 ares de betteraves, à 17,500 kil. l'hectare, pour les 40 ares, font 7,000 kil., égaux en foin à..................... 2,800

Sur 1 hectare, les pointes de maïs égalent en foin............................. 750

Sur 1 hectare 40 ares d'avoine, à 55 hect. par hectare, ou 49 hect. pesant 2,450 kil., le double en paille, ou 4,900 kil., à 250 p. 100 de foin, égalent 1,900

Sur 2 hectares 80 ares de blé, à 20 hect. par hectare, ou 48 hect. pesant 5,800 kil.; ce poids en paille est 2 fois ½, ou 9,500 kil., à 540 p. 100, en foin, soit............. 2,750

TOTAL des substances alimentaires... 26,500 k.

Sur cette quantité, il est consommé 10,000 kil. par les animaux de travail, ce qui réduit à 16,500 kil. la quantité destinée aux bestiaux de rente, déjà indiqués, et payés par eux à 1 fr. 10 c. les 50 kil., ou.......... 558 f.

Produits en grains pour le propriétaire.

Sa part de bénéfice des bestiaux......... 179 f.

1 hectare 80 ares blé, ou 28 hectol. à 15 fr., soit..................................... 420

A reporter................... 599f

Report...............	599ᶠ
1 hectare 40 ares avoine, 24 hectol. ¹/₂, à 6 f., soit.................................	147
1 hectare maïs, 10 hectol. , à 10 fr., soit...	100
Total en argent...............	846 f.

Frais pour le propriétaire.

8 hectol. 80 litres blé de semence , à 15 fr., soit.................................	42
1 hectol. 50 litres avoine de semence, à 6 fr., soit................................	9
Total des frais...............	51 f.

Nous avons omis , avec intention, de parler des prés de cette métairie, réservant de les faire intervenir au relevé général des produits de la propriété.

Métairie n° 3.

Les terres qui composent cette métairie sont des boulbènes fortes et des boulbènes légères, dans une égale proportion. La contenance est de douze hectares. L'assolement adopté est de cinq ans.

1ʳᵉ année , betteraves et pommes de terre.

2ᵉ id. blé. Ce sol étant, à cause de sa nature, très-ameubli par la culture précédente, est toujours bien préparé pour recevoir du blé d'automne.

3ᵉ id. trèfle de Hollande , semé dans le blé.

4ᵉ id. fèves, semées sur défrichement de trèfle.

5ᵉ id. blé.

Tableau de l'assolement.

Divisions.

5.   4.   3.   2.   1.

	5.	4.	3.	2.	1.	
1re ANNÉE.					Plantes sarclées.	
2e ANNÉE.				Plantes sarclées.	Blé.	
3e ANNÉE.			Plantes sarclées.	Blé.	Trèlle.	
4e ANNÉE.		Plantes sarclées.	Blé.	Trèlle.	Fèves.	
5e ANNÉE.	Plantes sarclées.	Blé.	Trèlle.	Fèves.	Blé.	

Culture intermédiaire pour arriver à l'assolement complet.

La 6e division en luzerne hors du cours de culture.

Basant nos calculs sur le même système suivi dans les deux assolements précédents, les résultats de celui-ci devront produire :

2 hect. luzerne, à 5,000 k. par hect., égalent   10,000 k.

A reporter..............   10,000 k.

Report...............	10,000 k.

2 hectares trèfle, à 4,000 kil. par hectare,
 égalent......................... 8,000

4 hectare pommes de terre, 200 hectol.,
 égaux en foin, d'après la proportion déjà
 établie, à........................ 15,000

4 hectare betterave, d'après la proportion
 déjà établie..................... 16,000

2 hectares fèves, à 25 hectol. par hectare,
 ou 50 hectol. d'après la proportion en
 foin, égalent.................... 10,500

TOTAL des substances fourragères... 57,500 k.

A soustraire pour la nourriture d'une paire de
 bœufs de grande taille, 12,500 kil. Il reste
 45,000 kil., payés par la spéculation des
 bœufs, moutons et cochons d'engrais, à
 raison de 1 fr. 50 c. les 50 kil.......... 1,350 f.

Pour le propriétaire.

Sa part de bénéfice sur le bétail......... 675 f.
Sur 4 hectares en blé, à 22 hect. par hectare,
 il reste au propriétaire la moitié de 88
 hect., ou 44 hect., à 15 fr. l'un, soit.... 1,520

TOTAL en argent................. 1,995 f.

Frais pour le propriétaire.

4 hect. de blé pour semence, à 15 fr., soit... 60 f.

Le produit de cette métairie pourra paraître extraor-
dinaire à qui n'a pas l'expérience des récoltes considéra-

bles obtenues sur des terres boulbènes, marnées et bien fumées. Cette nature de fonds exige beaucoup d'avances, des soins constants. Il existe, dans la Haute-Garonne, des propriétés dont l'hectare de luzerne est affermé jusqu'à 540 fr.; l'hectare de trèfle produit jusqu'à 9,000 k., et 1 hectare de blé fournit jusqu'à 40 hectol. de très-beau blé. Nous citons ce fait pour prouver que les chiffres de notre dernier assolement ne doivent pas être taxés d'exagération.

Métairie n° 4.

Cette métairie, composée de 20 hectares de terres calcaires, a été soumise, à cause de son épuisement, au cours de culture qui suit :

1re année, pommes de terre, raves, betteraves et maïs, avec fumure.
2e id. orge de printemps avec lupuline.
5e id. lupuline.
4e id. blé.
5e id. engrais vert.
6e id. blé.

Une 7e division est consacrée à une prairie artificielle de sainfoin.

Tableau de l'assolement.

Divisions.

Divisions.	1re ANNÉE.	2e ANNÉE.	3e ANNÉE.	4e ANNÉE.	5e ANNÉE.	6e ANNÉE.
1.	Plantes sarclées.	Orge print.	Lupuline.	Blé.	Engrais vert.	Blé.
2.		Plantes sarclées.	Orge print.	Lupuline.	Blé.	Engrais vert.
3.			Plantes sarclées.	Orge print.	Lupuline.	Blé.
4.				Plantes sarclées.	Orge print.	Lupuline.
5.					Plantes sarclées.	Orge print.
6.						Plantes sarclées.
7.						

Culture intermédiaire pour arriver à l'assolement complet.

Division consacrée à l'établissement d'un sainfoin sur cinq hectares.

Les résultats de cet assolement, d'après les calculs prévisionnels, seront les suivants :

5 hectares de sainfoin, à 2,500 kil. par hectare, égalent.............................. 12,500 k.

50 ares pommes de terre, à 100 hectolitres par hectare, ou 50 hectolitres, valeur
en foin, égalent....,............'....... 5,250

50 ares de betteraves, à 1,200 kil. l'hectare, ou 6,000 kil., à 250 p. 100 en foin,
égalent........................... 2,400

25 ares de navets produisant 2,500 kil., à
500 p. 100 de foin, égalent.......... 800

75 ares pointes de maïs, valeur en foin,
égalent........................... 600

2 hectares 50 ares lupuline, à 1,500 kil.,
égalent. 5,750

2 hectares 50 ares paillé d'orge, à 25 hectolitres, soit 62 hectolitres, pesant 4,650
kil., double du poids du grain, égalent
9,500 kil., à 270 p. 100 du foin, soit... 5,500

5 hectares blé, à 16 hectolitres, soit 80
hectolitres, pesant 6,250 kil; la paille pesant deux fois et demi, soit 15,625 kil.,
dont la valeur en foin, à 540 p. 100, égale. 4,500

_____

. TOTAL des substances fourragères.. 56,000 k.

_____

Il faut, pour les animaux de travail, 11,000
kil., ce qui réduit à 25,000 kil. la quantité obtenue; le bétail d'élève, qui est la
spéculation de cette métairie, paie le foin
1 fr. les 50 kil., ci..................... 500 f

_____

Produits pour le propriétaire.

Sa part au bénéfice des bestiaux......... 250f
40 hectolitres de blé, à 15 fr........... 600

_____

A reporter........ 850f

Report.........	850f
51 hectolitres orge , à 8 fr..............	248
8 do maïs, à 10 fr.	80
TOTAL en argent.........	1,178f

Les frais pour le propriétaire.

5 hectolitres blé , à 15 fr................	75f
5 hectolitres et demi orge , à 8 fr........	28
TOTAL...........	105f

Métairie nº 5.

Cette métairie est composée de 40 hectares de terres sableuses, et qui se divisent ainsi : 4 hectares de terre assez fertile, 5 hectares de châtaigneraie bien fournie, 7 hectares de terre cultivée en seigle tous les trois ans, et 16 hectares de pâturages très-maigres.

Les 4 hectares qui peuvent produire de la luzerne ont été semés de cette graine fourragère, avec mélange d'un quart de graine de lupuline.

Toutes les terres arables ont été soumises , en commençant par les moins mauvaises , à l'assolement de six ans.

1re année, pommes de terre ou betteraves.
2e id. seigle avec lupuline.
3e id. lupuline fauchée.
4e id. lupuline pâturée.
5e id. semaille de sarrazin enfouie.
6e id. seigle. Dans les meilleures portions, le blé remplace le seigle.

Tableau de l'assolement.

Divisions.

	1re ANNÉE.	2e ANNÉE.	3e ANNÉE.	4e ANNÉE.	5e ANNÉE.	6e ANNÉE.
1.	Culture sarclée	Seigle.	Lupuline.	Lupuline.	Engrais vert.	Seigle.
2.		Culture sarclée.	Seigle.	Lupuline.	Lupuline.	Engrais vert.
3.			Culture sarclée.	Seigle.	Lupuline.	Lupuline.
4.				Culture sarclée.	Seigle.	Lupuline.
5.					Culture sarclée.	Seigle.
6.						Culture sarclée.

Culture intermédiaire pour arriver à l'assolement complet.

7. De quatre hectares consacrés à une prairie artificielle hors du cours.

Les résultats de cette rotation de culture, sont :

4 hectarés de luzerne, à 5,500 kil. par hectare, égalent...................... 14,000 k.

4 hectares lupuline fauchée, à 1,750 kil. par
hectare, égalent 7,000

4 hectares lupuline pâturée, à 750 kil. par
hectare, égalent.................... 5,000

4 hectares betteraves et pommes de terre,
à 6,000 kil., soit 24,000 kil., à 250 p.
100 du foin, égalent................ 9,500

8 hectares seigle, à 10 hectolitres par hectare,
soit 80 hectolitres, pesant 6,500 kil., à
660 p. 100 du foin, égalent........... 1,000

TOTAL des substances fourragères... 54,500 k.

Il faut, pour les animaux de travail, 16,000
kil., ce qui réduit la quantité à 18,500 kil.

Le bétail de croit, qui est la spéculation de
cette métairie, paie le fourrage à 1 fr. 10 c.,
soit................................ 400ᶠ

La moitié pour le propriétaire............ 200ᶠ

Produits en grains.

40 hectolitres seigle, à 12 fr............ 480

TOTAL en argent......... 680ᶠ

Les frais pour le propriétaire.

8 hectolitres, à 12 fr., soit............. 96ᶠ

DES PRAIRIES NATURELLES; LEUR PRODUIT.

Le propriétaire, d'accord avec ses métayers, leur retire les prairies quand ils ont récolté suffisamment de
fourrages par la culture. Il sera fait quelquefois échange
avec eux du foin avec d'autres substances alimentaires
venant des métairies, de manière à pouvoir entretenir

une spéculation particulière que le propriétaire a créée dans les bâtiments qui dépendent de sa maison ou de la métairie de réserve. L'étendue de ces prés, parfaitement réparés et soignés autant que possible par l'irrigation et le fumier, est de 15 hectares, donnant 65,000 kil. de foin ou regain.

Ces 65,000 kil. sont payés par les vaches laitières, engraissement des cochons ou moutons à l'étable, 1 fr. 25 c. les 50 kil., ou..................... 1,675f

Les bois, dont on a remis les coupes à quatorze ans par étendue de 8 hectares 75 ares, réservant 1 hectare 50 ares pour haute-futaie dans le fond des coteaux, ces bois, bien gardés et exploités ainsi, arriveront à être vendus à raison de 500 fr. l'hectare, ou pour chaque année. 825

Trois hectares de vigne presque renouvelée, et 5 hectares plantés depuis dix ans, soit 8 hectares, produisant 10 hectolitres par hectare, en tout 80 hectolitres, vendus 10 fr. l'un, soit.................................. 800

Produit de la métairie no 1er............ 5,400

do   do   no 2 846

do   do   no 3............ 1,995

do   do   no 4............... 1,178

do   do   no 5............. 680

Revenus de la châtaigneraie comme auparavant........................... 200

Revenus des noyers................. 100

do   des pruniers................. 150

TOTAL en argent........ 11,770f

FRAIS DE LA PROPRIÉTÉ.

Frais généraux.

Impôts à la charge du propriétaire.........	590f
Assurances sur 12,000 fr., à 2 p. 100......	240
Frais de garde.........................	250
Sinistres par le brouillard, la pluie, etc., un dixième des revenus bruts.............	1,180
Intérêt du capital d'exploitation, à 6 p. 100...	840

Frais de culture.

Métairie no 1er.........................		1,560
Do	no 2.........................	51
Do	no 3.........................	60
Do	no 4.........................	105
Do	no 5.........................	96
	Total des frais.........	4,770f

Le revenu brut étant..........	11,770f
Les frais................. ..	4,770
Le revenu net est de....	7,000f

Cette situation, qui n'a rien de forcé, est celle de la propriété à sa dixième année de culture, alors que toutes les terres sont en plein assolement; il y a lieu d'espérer qu'à la fin de la seconde rotation, le revenu augmentera de toute la fertilité que ce système de culture peut faire espérer, puisque l'amélioration est dans une progression constante; lors même que cette propriété devrait rester dans cette situation de produit, elle aurait dû augmenter de valeur, puisque son revenu a doublé par le capital d'amélioration foncière qui lui a été consacré.

Il résulte donc que la propriété qui avait coûté 141,000 fr., rapportait 5,000 fr.

Que la même, ayant coûté, par l'addition d'un capital d'amélioration foncière de *20,000 fr., 161,000 fr., rapporte 7,000 fr.*

Nous n'indiquerons que sommairement les moyens de passer de la culture du pays à un assolement comme ceux dont nous avons posé les bases dans ce plan. Il faut établir sur les meilleures terres les fourrages permanents sur la première division en cours de culture. Il faut organiser les récoltes de manière à conserver les proportions de chacune d'elles avec les besoins de la propriété.

Les deux ou trois premières années, les récoltes en grains diminueront d'importance si on place les engrais sur les récoltes sarclées; mais ce que la production du fourrage ne compensera pas, restera en amélioration dans le sol.

En thèse générale, quand on ne dispose pas de capitaux suffisants, il faut compter qu'il faudra plus de temps pour arriver à un bon résultat; mais toujours, si l'assolement est bien appliqué et suivi avec constance, la réussite est inévitable. Il est indispensable de se mettre en garde contre la séduction de calculs imaginaires, et ne point s'exposer à une entreprise qui, bien que profitable en elle-même, ferait dépasser les moyens d'action dont on disposerait, et pourrait entraîner une gêne plus préjudiciable que la culture négligée.

La réduction des substances alimentaires en foin pourra paraître une méthode théorique; mais afin d'éviter des chiffres pour chaque fourrage et leur nomenclature, ce qui eût pris beaucoup de place sans être plus explicite, il nous a paru convenable d'adopter ces formules. Les cultivateurs n'ignorent pas que certaines substances sont plus ou moins nourrissantes. Ce procédé, qui est du reste le résultat d'une longue expérimentation, ne sert qu'à déterminer leur valeur respective.

Emploi du capital d'amélioration foncière.

Le capital de 20,000 fr. que le propriétaire veut consacrer à l'amélioration foncière, et par conséquent amortir dans le sol, a reçu les diverses destinations dont suit l'exposé :

Les terres argileuses humides, dont l'assainissement était indispensable, sont d'une contenance de 14 hectares; il a été pratiqué, sur cette surface, 4,000 mètres de fossés, d'une profondeur de 1 mètre et de 70 centimètres de largeur; dans le fond de cette tranchée, on a tracé une rigole de 25 centimètres de profondeur sur 50 de largeur. Sur les deux berges de cette rigole, on a posé des pierres plates, de manière à éviter la chute de la terre dans le fond de la rigole; la quantité est de 10 centimètres cubes par mètre. Par-dessus, il a été placé des fagots de grande bruyère, à raison de quatre par mètre, et le fossé supérieur a été comblé.

Cette réparation a coûté, pour le travail des ouvriers, 40 c. par mètre cube de terre remuée et mesurée sur la tranchée ouverte. Ainsi, 4,000 mètres de long, multipliés par un mètre de profondeur, et ce produit par 70 centimètres de largeur, donnent 2,800 mètres cubes; à quoi il faut ajouter 4,000 mètres de rigole, de 25 centimètres de profondeur sur 50 de largeur, ou 500 mètres cubes; en tout 5,400 mètres cubes, à 40 centimes, dont le total est de................. 1,240^f

4 fagots par mètre, ou 16,000 fagots
à 50 fr. le mille................. 480
_____

A reporter........ 1,720^f

Report.......... 1,720ᶠ

400 mètres cubes de pierre, à 4 fr.

25 c. rendue sur place........... 500

Pour amendement, 40 hectol. de chaux
par hectare, ou 560 hectol., à 4 fr.
50 l'hectol..................... 840

Total des terres argileuses, 218
fr. par hectare, ou.......... 5,060   5,060ᶠ

Les terres silico-argileuses ont été marnées
sur une étendue de 46 hectares, à raison
de 400 mètres cubes par hectare pour 6 hectares de boulbènes légères, et 450 pour les
40 hectares de boulbènes fortes; en tout
2,400 mètres cubes, qui ont coûté 4 fr. 40 c.
d'extraction. Le transport a été payé aux
voituriers du pays qui en avaient fait l'entreprise, à raison de 90 centimes le mètre
cube, la distance moyenne de la marnière
étant 500 mètres. Le total, à 2 fr. par mètre, dont le nombre est de 2,400 mètres cubes, ou par hectare 262 fr. 50 c., est, pour
46 hectares............................   4,200ᶠ

Les terres siliceuses ont été amendées avec de
la marne argileuse très à portée, et qu'on
pouvait charger à niveau du sol. Le transport a coûté 4 fr. par mètre cube. L'étendue sur la métairie n° 4ᵉʳ est de 4 hectares,
à 250 mètres cubes, ou 4,000 mètres cubes
à 4 fr., ci..............................   4,000

Assainissement des prairies. — La disposition
du terrain nous a permis de créer sur un
fonds de prairies marécageuses un étang

A reporter............   8,260ᶠ

Report............ 8,260ᶠ

d'une étendue de 10 ares, à une profondeur
de 1 mètre. La terre, mêlée de débris végétaux, a été transportée à brouette à 150 mètres et mise en tas pour être traitée avec de
la chaux, et destinée aux terres de la métairie n° 5. Le mètre cube de terre ainsi enlevée, a coûté 50 c., ou pour 1,000 mètres
cubes............................. 500

250 hectolitres de chaux ont été mêlés à cette
terre, et ont coûté................. 575

Pour faire le fond de l'étang, les talus et les
berges, il a fallu remuer 1,000 mètres cubes de terre, qui ont coûté, transportés sur
les côtés de l'étang et mis à demeure,
40 c. le mètre cube, ou pour 1,000 mètres
cubes............................. 400

Pour arrêter l'infiltration des eaux, on a ou-
vert autour de l'étang un fossé dans lequel
on a battu de la terre boulbène sur une
longueur de 100 mètres, une profondeur
de 2 mètres, et une largeur de 1 mètre,
soit 200 mètres cubes, plus un cinquième pour le foisonnement. L'opération a coûté, pour le transport de la terre, la battre
ou tasser dans la tranchée, 1 fr. le mètre
cube, ou, pour 250 mètres cubes...... 250

Construction en pierre d'une vanne pour
écouler l'étang; la vanne en bois et sa fer-
rure, coûtent en tout................ 150

Les terres calcaires de la métairie n° 4, et la
portion de 5 hectares destinée en vigne, ont
été défoncées sur une étendue totale de 15

A reporter.......... 9,955ᶠ

hectares, à 25 centimètres de profondeur, et ont coûté 200 fr. l'hectare, ou pour 15 hectares................................. 5,000

La plantation de la vigne a coûté de main-d'œuvre, 15 fr. par hectare, ou pour 5 hectares........ 75

Irrigation des prairies. — Il a été construit une roue hydraulique munie de godets, sur le ruisseau qui longe la prairie de réserve. Au moyen d'un barrage, on a pu ménager une chute qui la fait mouvoir et vient verser l'eau à la surface de la prairie. Cette roue a coûté...................... 500

Pour toutes les prairies, il a été pratiqué 1,000 mètres de rigoles d'irrigation, 5,000 mètres de rigoles de distribution, et 500 mètres de rigoles d'écoulement. En tout, 4,500 mètres, d'une largeur variable de 60 à 20 centimètres, et d'une profondeur de 10 centimètres pour les rigoles d'irrigation, et 25 centimètres pour la rigole d'écoulement. Le prix moyen de 5 c. par mètre, égale..... 225

Un chemin de communication, conduisant de la maison à la route qui conduit au chef-lieu de canton, a été construit sur une longueur de 600 mètres ; sa largeur est de 6 mètres, dont 4 mètres de chaussée et 2 mètres de banquette. Les accotements sont en pierres posées sur champ. Il est déplacé, d'après le profil du tracé, 1,000 mètres cubes de terre, à une distance moyenne de 60 mètres. La nature du sol se prête facilement

A reporter.......... 15,755^f

Report...................... 15,755ᶠ

au travail des instruments, bien que la forme soit résistante; le terrassement coûte
25 c. le mètre cube, et pour 1,000 mètres
cubes................................... 250

La hauteur de l'empierrement est de 15 centimètres sur 4 mètres de large, ou 60 centimètres cubes par mètre courant; pour
600 mètres de long, il faut 560 mètres cubes de pierres concassées, plus 40 mètres
cubes pour entretien, en tout 400 mètres
cubes, dont le transport et la préparation
coûtent 1 fr. 50 c. le mètre cube, et au total.................. 600

1,200 mètres de fossés des deux côtés, le ni-
vellement des banquettes, à 10 c. le mètre
courant ; pour 1,200 mètres........... 120

Réparation aux chemins d'exploitation, écoulement des eaux, avec de petits aqueducs
en pierre, chargements en pierre, des cloa-
ques, fondrières, 1,200 mètres cubes, avec
transport à 50 centimes le mètre cube, en
tout................................... 600

Réparation des fossés des chemins, nivelle-
ment de la surface, 1,500 mètres courant,
à 10 c.................................. 150

Plantation du bord des pièces et des chemins,
sur une longueur de 4,000 mètres, à 10
mètres de distance, 400 arbres, peupliers,
pruniers, noyers, ormes, etc., à 40 c. l'un,
soit.................................... 160

Il a été extrait 500 mètres cubes de pierre du
défoncement des terres calcaires; 2,000 mè-

A reporter.............. 15,645ᶠ

Report.................. .... 13,615ᶠ

tres cubes ont été employés aux diverses réparations de la propriété ; 2,000 mètres cubes ont été pris pour le service de la route : il reste 1,000 mètres cubes, qui ont été employés aux murs de clôture, sur une étendue de 1,000 mètres. La surface étant, les fondements compris, de **2** mètres par mètre courant, et d'une épaisseur de 50 centimètres, ce mur a coûté de bâtir 50 centimes par mètre courant, ou pour 1,000 mètres. 500

Transport des pierres à pied d'œuvre, à 50 centimes par mètre cube, égale............. 500

Réparations aux étables de bœufs, moutons et cochons. 1,000

Les instruments et les semences, considérés comme immeubles par destination, et qui dans le pays font partie du fonds, sont portés au compte du capital foncier et pris sur celui dont nous exposons le service comme amélioration foncière.

Instruments.

1 charriot à quatre roues mené par deux chevaux, pour activer le transport des denrées sur les marchés, a coûté avec les harnais.. 500

5 charrues en fer, à 55 fr. l'une................ 175

5 herses en fer, à 55 fr. l'une................. 175

5 herses en bois, à 10 fr. l'une................ 50

1 charrue à défoncer. 75

1 scarificateur. 70

A reporter............. 18,260ᶠ

Report....................	18,260ᶠ
2 houes à cheval, à 45 fr. l'une..............	90
1 rouleau pour émotter.......	100
1 coupe-racines...............	80
1 tarare avec trois grilles de rechange..........	100

Semences à ajouter à celles trouvées sur la pro-
priété, et immeubles par destination :

200 kil. graine de luzerne, à 70 fr. les 50 kil.	240
250 kil. graine de trèfle, à 55 fr. les 50 kil....	270
50 hectolitres de sainfoin, à 8 fr. l'un..........	400
100 hectolitres pommes de terre, à 2 f. l'un...	200
100 kil. graine de betterave, à 50 fr. les 50 kil.	100
Graines de vesces, sarrazin ou farouch.........	160
TOTAL égal......................	20,000ᶠ

Le capital d'exploitation se décompose ainsi :

4 paires de bœufs à 425 fr..................	1,700ᶠ
2 paires de bœufs à 550 fr. ....,...	1,000
5 paires de bœufs à 400 fr...................	1,200
5 paires de vaches à 500 fr..................	900
2 paires de vaches, à 250 fr.................	500
5 paires de vaches laitières, à 400 fr............	1,200
180 moutons, au prix moyen de 14 fr. l'un...	2,500
25 cochons, à 20 fr. l'un....................	500
2 chevaux de trait, à 400 fr. l'un.............	800
2 juments mulassières, à 550 fr. l'une..........	700
TOTAL employé..........	11,000ᶠ
Capital restant pour roulement...............	5,000
TOTAL égal..............	14,000

DE L'INVENTAIRE.

Pour rendre compte au propriétaire de la situation de son domaine et le rassurer sur le placement de ses fonds, nous dressons un inventaire de tous les objets mobiliers, animaux, argent ou denrées qui se trouvent sur sa propriété au mois de décembre de la dixième année.

Pour le capital d'exploitation de réserve et maison d'habitation :

Métairie n° 1.

Animaux.

2 paires de bœufs de commerce, à 400 fr. la paire..........................	800ᶠ
1 paire de bœufs d'engrais..............	500
5 paires de vaches laitières pleines, à 400 fr. la paire.......................	1,200
4 génisses de deux ans, à 150 fr. l'une.	600
1 taureau de trois ans....................	250
22 moutons d'engrais, à 20 fr. l'un....	480
5 cochons d'engrais, à 60 fr. l'un......	300
2 juments mulassières pleines, à 400 f. l'une..........................	800

TOTAL........... 4,010ᶠ   4,010ᶠ

Récoltes en grains dans les magasins.

172 hectolitres de blé, à 15 fr. l'un...	2,580ᶠ
92 hectolitres d'orge, à 8 fr. l'un....	736
47 hectolitres d'avoine, à 6 fr. l'un...	262
48 hectolitres de maïs, à 10 fr. l'un..	480

A reporter................ 4,058ᶠ   4,010ᶠ

Report................... 4,058ᶠ 4,010ᶠ
52 hectolitres de seigle, à 12 fr. l'un.. 584

TOTAL........... 4,442ᶠ 4,442ᶠ

Récoltes en fourrages, en grange ou en meule.

106,900 kil. de fourrage, au prix payé
  par la spéculation 1 fr. 10 c. le kil. 2,551 2,551

Métairie n° 2.

Animaux.

1 paire de bœufs d'engrais, à 400 fr.
  l'un. 800
15 moutons d'engrais, à 20 fr. l'un... 500
5 cochons d'engrais, à 75 fr. l'un.... 225

TOTAL........... 1,525ᶠ 1,525ᶠ

Récoltes en fourrages.

18,000 kil., à 1 fr. 10 c. l'un........ 596

Métairie n° 3.

Animaux.

5 paires de bœufs d'engrais, à 400 fr.
  la paire. 1,200
1 paire de vaches pour élève........ 550
1 paire de veaux d'un an.......... 180
15 moutons d'engrais, à 18 fr. l'un.. 170
2 cochons   dᵒ   à 80 fr. l'un.. 160

TOTAL....... 1,060ᶠ 1,060ᶠ

A reporter................... 15,188ᶠ

Report....................... 15,188ᶠ

Récoltes en fourrages.

45,000 kil. payés à 1 fr. 10 c....... 990

Métairie n° 4.

Animaux.

1 paire de vaches pour élève....... 500ᶠ
1 paire de génisses de deux ans.... 250
1 paire de veaux d'un an.......... 160
20 moutons d'hivernage, à 15 fr. l'un. 500
5 cochons d'élèves, à 20 fr. l'un.... 100

TOTAL....... 1,110ᶠ   1,110

Récoltes en fourrages.

25,000 kil , à 1 fr. 10 c........... 550

Métairie n° 5.

Animaux.

1 paire de vaches d'élève......... 500
1 paire de génisses de deux ans.... 200
1 paire de veaux de neuf mois..... 110
55 moutons de pâture , à 12 fr. l'un.. 420
2 truies portières avec 12 nourrains
   de trois mois................ 180

TOTAL....... 1,210ᶠ   1,210

Récoltes en fourrages.

20,000 kil., à 1.40 c., compris les pâturages
qui n'ont pas été comptés.... 560

A reporter.......... 17,608ᶠ

Report............ 17,608^f

56 hectolitres de vin, à 10 fr. l'hectolitre.... 560

TOTAL des animaux de rente et récoltes.. 18,560^f

Capital de réserve non employé.... 5,000

TOTAL du capital d'exploitation........ 21,560^f

INVENTAIRE DU CAPITAL EMPLOYÉ DANS LE SOL POUR Y ÊTRE AMORTI, ET SERVANT A CONSTITUER SA VALEUR IMMOBILIÈRE.

Instruments aratoires de toute sorte, existant sur les diverses métairies.

Les instruments achetés................	1,215^f
10 charrues en bois, complètes, à 15 fr. l'une.	150
7 charrettes, à 120 fr. l'une............	840
6 tombereaux, à 90 fr. l'un..............	540
12 pelles en fer, à 5 fr. l'une............	56
6 pioches, à 7 fr. l'une................	42
12 houes à main, à 2 fr. 50 c. l'une.......	50
20 brouettes neuves, à 5 fr. l'une..........	100
7 fourches en fer, à 5 fr. l'une...........	21
4 leviers en fer de diverses dimensions, à 7 fr. 50 c. l'un......................	50
1 cuve contenant 100 hectolitres..........	180
55 barriques, à 6 fr. l'une..............	210
20 comportes, à 5 fr. l'une.............	100
Divers ustensiles de chai et cellier.........	56
TOTAL............	5,850^f

Animaux de travail.

6 paires de bœufs, prix moyen de 450

A reporter............ 5,850^f

Report..............		5,850ᶠ
fr. la paire..................	2,200ᶠ	
4 paires de vaches, prix moyen de 275		
fr. la paire	1,100	
1 paire de chevaux de trait.........	700	
1 cheval de selle pour le service des		
marchés.	250	
TOTAL....... 4,750ᶠ		4,750

Fourrages en magasin pour la nourriture de tous les animaux, et mis en réserve pour eux, 125,000 kil., au prix du marché, à 2 fr. les 50 kil.............................. 5,000

1,000 mèt. cubes de compost préparé pour les terres sableuses, à 1 f. le mèt. cube sur place. 1,000

Le fumier produit par 70 têtes de gros bétail, à 15 charretées par tête, donnant 1,050 charretées, qui sont dans les cours des métairies, à 6 fr. l'une..................... 3,500

Semis de pin à l'âge de dix ans, qui a donné au sol une valeur de 150 fr. l'hectare ; pour 10 hectares........................... 1,500

Réparations diverses, chemins, étangs, plantations, fossés, marnage, etc.......... 17,400

TOTAL de l'inventaire du capital ajouté à la valeur foncière.............. 38,800ᶠ

Il existait sur la propriété, au moment où elle a été soumise à ce système de culture :

En cheptel, animaux ou instruments		
aratoires......................	3,850ᶠ	
En semences diverses..............	950	
TOTAL à déduire...... 4,800ᶠ		4,800

Il reste, pour valeur ajoutée à celle de la propriété................................. 34,000

Il résulte de cet inventaire :

Que le capital d'amélioration foncière est arrivé au chiffre de.............................. 34,000^f

Que le capital d'exploitation est de.......... 21,500

TOTAL................ 55,000^f

Il a été fourni par le propriétaire, en capital consacré à l'amélioration foncière. 20,000^f

En capital d'exploitation.......... 14,000

TOTAL à déduire.... 34,000^f 34,000

Il reste en amortissement sur la propriété, et au bénéfice des capitaux avancés........ 21,000

En résumé, ce plan de culture conclut à prouver qu'une exploitation rurale, conduite avec des connaissances agricoles, une certaine intelligence et des ressources en capitaux, peut devenir une spéculation fructueuse. Dans tous nos calculs, le propriétaire a chaque année pris, non-seulement le revenu net et l'intérêt de ses capitaux, mais encore l'augmentation annuelle que ce système lui a fait acquérir.

Vᵉ PARTIE.

CALENDRIER AGRICOLE.

Il est impossible de faire un Calendrier agricole qui précise exactement les travaux à exécuter à telle époque déterminée. Tant de causes viennent changer ou modifier le cours et l'opportunité des travaux, qu'un Calendrier ne peut être utile que comme renseignement, et en ce qu'il classe dans un certain ordre les opérations successives de la culture.

Considéré sous ce point de vue, notre Calendrier nous a paru pouvoir être placé à la fin de ce travail, comme mémoire à consulter; d'autant plus qu'étant l'indication mensuelle des travaux dont nous avons étudié l'utilité, il peut encore servir à déterminer la quantité d'ouvriers ou d'animaux dont le chef d'exploitation peut avoir besoin pour ses diverses opérations, et lui servir à préciser, autant que possible, les avances qu'il aura besoin de faire à chaque époque de l'année.

Des Saisons.

D'après la connaissance que nous avons du climat et des principales opérations qu'on exécute à chaque saison dans le département, nous les établissons ainsi :

L'Hiver est, en général, plus humide que rigoureux; aussi est-il nécessaire de multiplier les voies d'écoulement des eaux. C'est la saison de l'engraissement et de la vente des cochons et des volailles; c'est aussi à cette époque qu'on vend les châtaignes. D'après le Calendrier, l'hiver commence au 22 décembre et dure trois mois.

LE PRINTEMPS est ordinairement humide au commencement et sec vers la fin. Quelquefois, les gelées blanches occasionnent du dommage aux jeunes bourgeons; les vents d'ouest sont souvent funestes aux fleurs des arbres fruitiers. C'est la saison des semis de céréales et de fourrages au commencement, et de la fauchaison à la fin. Le printemps commence au 22 mars et dure trois mois.

L'ÉTÉ est sec dans la plupart des années. C'est la saison de la fenaison des prairies et des secondes coupes de prairies artificielles, de la moisson et du battage; c'est l'époque la plus active de la culture. L'été commence au 22 juin et dure trois mois.

L'AUTOMNE est, en général, très-belle. C'est la saison de l'arrachage des pommes de terre, betteraves, de la récolte du maïs, des vendanges, de la fabrication du vin, et des semailles de blé, seigle, vesces, fèves, etc. C'est vers la fin de cette saison qu'on récolte les châtaignes et les marrons.

Janvier.

Le cultivateur doit faire un inventaire exact de tout ce qu'il possède en grains, bestiaux, instruments, etc., etc. Il doit trier et faire réparer ou renouveler tout ce qui a besoin de l'être, pour les travaux de l'année, qu'il doit prévoir dès ce jour d'une manière générale, ainsi que ses recettes et dépenses.

Les attelages conduisent des fumiers, des amendements, tels que terre, marne, etc.; ils mènent auprès des bâtiments, pour les réparations de l'année, du sable, de la chaux, des pierres, etc.; ils charrient du bois, sortent les cailloux des champs et les conduisent sur les chemins qui ont besoin de réparations.

Quand le temps permet de labourer, on prépare les terres qui doivent recevoir, au printemps, des betteraves, pommes de terre, maïs, avoines, orges et blés de mars; on tire des raies d'assainissement dans les champs où l'on n'aurait pas eu le temps de le faire à la semaille ; quelques cultivateurs commencent même à ouvrir les terres qui doivent être jachérées pour blé.

Les manouvriers ou journaliers, hommes, femmes et enfants, sont occupés aux plantations, aux élagages, à abattre ou arracher des arbres morts, etc.; à épandre des fumiers ou amendements sur les prés, etc.; à réparer les clôtures ; à remuer et nettoyer au tarare, au crible, etc., les grains en grenier pour les semences du printemps, la vente ou la consommation de la ferme ; à ramasser des feuilles dans les bois pour le fumier, le jardin, etc.; à remuer le magasin de racines, pommes de terre, etc.; à planter des topinambours, qui, ne craignant pas les gelées, doivent être mis en terre avant la saison des semailles de mars.

Les ouvriers à la tâche font divers travaux de terrasse et plantation, tels que fossés, trous, réparations des chemins, etc.; ils abattent et façonnent du bois en taillis ou futaies ; ils ramassent les cailloux des champs pour en faciliter la culture et réparer les routes; ils font l'extraction de la marne, de la pierre, etc.; ils défoncent les terres qu'on doit mettre en pépinière ; ils élaguent les gros arbres et épinent les jeunes.

Dans le jardin, on n'a guère qu'à tailler les pommiers et poiriers.

Février.

On commence à semer des avoines en terre calcaire, des féverolles, etc.; on visite avec soin les raies d'assainissement pour les tenir nettes.

Les attelages continuent à charrier des fumiers, de la marne, des terreaux sur les prés, etc.; à labourer pour enterrer les avoines, féverolles, topinambours, etc.; pour préparer les terres à betteraves, carottes, chanvre, pommes de terre, etc.

Les journaliers continuent les plantations et autres travaux de janvier; ils plantent des racines de carottes, betteraves, etc., *pour graines;* ils nettoient complétement les poulaillers, colombiers, etc., qu'ils blanchissent à la chaux pour éloigner la mite; ils coupent les osiers, etc.; récoltent des choux et navets de Suède qui ont passé l'hiver en terre et qu'on ne veut pas laisser monter. On commence à tailler la vigne.

Dans le jardin, on taille comme en janvier; on bêche et l'on fume pour les semis du printemps; on plante des fraises et l'on terreaute les vieux plants; on sème déjà des pois hâtifs, des fèves, etc.

Les femmes filent l'hiver pendant tout le temps que leur laissent les soins du ménage et des bestiaux.

Les ouvriers à la tâche sont occupés comme en janvier.

Mars.

Le cultivateur doit surveiller avec soin plus que jamais l'assainissement de toutes ses terres; c'est le mois des semailles de printemps, aussi les appelle-t-on *les mars.* On sème généralement les blés de mars, les avoines, carottes, betteraves, sainfoins, luzernes, trèfles,

lupulines ou minettes, pimprenelles, graines de prés,
pois et vesces de printemps, chicorées sauvages, etc.
On plâtre les sainfoins en terre calcaire seulement, les
autres prairies et celles qui sont en terres froides n'étant
pas encore assez avancées ; on greffe en fente.

Les attelages continuent les charrois d'hiver et conduisent des épines pour fermer les prés ; mais ils sont
surtout occupés à labourer ou herser les semailles d'a-
voine, blés de mars, pommes de terre hâtives, etc.; à
herser les blés d'hiver.

Les journaliers, outre les travaux des mois précédents qui s'achèvent, plantent les pépinières d'arbres,
les ognons à graine ; sèment les carottes, betteraves, etc.,
qu'on met en lignes pour les nettoyer plus facilement
avec des houes à cheval; étendent les taupinières des
prés et les fourmilières, etc. ; bêchent le potager, etc.

Les femmes et les enfants plantent les pommes de terre
de Saint-Jean, sèment en lignes les carottes, betteraves,
navets de Suède, choux-navets, etc. ; binent le colza, etc.

Les ouvriers à la tâche bêchent ou crochettent les pépinières d'arbres et les vignes, comme dans les mois
précédents; ils taillent et couchent la vigne, etc.

Dans les jardins, on taille les pêchers, la vigne; on
fait des couchages, des boutures; on continue à bêcher;
on fait des trous qu'on emplit de feuilles ou de fumier,
pour y cultiver des potirons ou courges; on sème l'o-
gnon, le poireau, les carottes, pois, choux, laitues pa-
latines, etc.

Avril.

Le cultivateur doit veiller encore aux assainissements,
faire faire la chasse aux fouines, qui ont des petits alors ;
greffer les châtaigniers, semer l'orge.

Les attelages charrient les fumiers sur les terres à

plantes sarclées, continuent à labourer, herser, extirper pour avoines, orges, pommes de terre, jachères à seigle, chanvres, haricots, lupins et sarrazins, etc., pour enfouir en vert; maïs, etc.; ils hersent fortement les blés semés à plat dans des terres battantes, et roulent, au contraire, les semailles de plaine calcaire, que les gelées et les hâles déchaussent, telles que blés, avoines, fourrages annuels, etc.; ils hersent vigoureusement les luzernes, les prés, etc.

Les journaliers binent les racines porte-graines, navets, carottes, betteraves, etc., les pépinières; ferment les prés soigneusement, chargent les fumiers, taillent les pépinières, plantent les pommes de terre, sèment en lignes les betteraves, maïs, choux, navets de Suède. On donne la première façon aux vignes.

Dans les jardins, on œilletonne et l'on bêche les artichauts et le reste du jardin; on sème le plus grand nombre des légumes, tels que fèves, scorsonères, radis, choux, navets de Suède, pois hâtifs, laitues romaines, potirons, etc.

Mai.

Le cultivateur, débarrassé de ses semailles du printemps, partage son attention entre la mise au vert de ses bestiaux (dont quelques-uns se trouvent bien d'être saignés, chaque année, vers la mi-mai), et la préparation active de ses jachères; il se délasse en parcourant les foires, qui abondent pendant ce mois et le suivant. On sème encore de l'orge et l'on plante encore des pommes de terre.

Les attelages continuent à semer le maïs; ils hersent vigoureusement les avoines à plat pour les faire taller, et les roulent ensuite pour qu'on puisse les faucher plus bas; ils hersent les pommes de terre, topinambours, etc.

Les journaliers repiquent des betteraves, sèment du chanvre, des haricots, plâtrent les trèfles, luzernes, etc., en terres fraîches; fauchent le trèfle incarnat, binent les jeunes pépinières.

Les femmes échardonnent les grains, sarclent et éclaircissent les betteraves, carottes, maïs, etc.; continuent l'échardonnage des blés et des avoines, ramassent et brûlent du chiendent, plantent des pommes de terre.

Les ouvriers à la tâche fauchent le trèfle incarnat, donnent la deuxième façon aux vignes et pépinières, curent des fossés, piochent les arbres plantés l'hiver, achèvent d'en combler les trous, font l'écorce dans les taillis, et donnent la deuxième façon aux vignes.

Dans le jardin, on plante les choux et salades semés pendant le mois d'avril; on entretient de binages, arrosements, etc.

Juin.

Le cultivateur fait ses préparatifs pour la fauchaison et la moisson.

Les attelages, entre cette préparation urgente, continuent à herser et rouler les avoines, jachères, pommes de terre, etc.; à biner celles-ci, le maïs, etc.; à labourer pour navets, colzas, etc. Ils rentrent déjà des fourrages de trèfle.

Les ouvriers à la tâche commencent à faucher les luzernes, sainfoins, prés à regains, etc.; la vesce et l'avoine d'hiver quelquefois; ils terminent les travaux de mai, et font l'accolage de la vigne.

Les journaliers binent toutes les récoltes de racines, maïs, etc., dites sarclées, les haricots, les pommes de terre sur les rangs, etc.; ils fanent les fourrages fauchés; ils remuent les composts ou fumiers d'herbes, de feuilles, de boue, etc.; ils regarnissent les betteraves par repiquages; ils rament les pois, assainissent les prés inondés, etc.

Les femmes sarclent les racines, maïs, orges; récoltent des fleurs de tilleul, mauve, sureau, etc.

Dans le jardin, on ébourgeonne, on palisse la vigne, on écussonne à œil poussant, on lève les ognons secs, et l'on sème des navets, des choux-navets, choux à grosses côtes, chicorées frisées et scaroles, romaines, haricots, pois, radis noirs, cerfeuil, etc.

Juillet.

Dans ce mois, presque consacré exclusivement à la moisson, on fait encore un dernier semis de maïs pour fourrage; on sème des navets.

Les attelages charrient les récoltes de seigles, avoines d'hiver, fourrages annuels à graines, méteils, froments, foins naturels, et, à la fin du mois, les fumiers sur les terres à seigle qu'on n'a pas fumées au printemps.

Ils labourent les jachères non préparées en juin, et celles sur lesquelles on vient de récolter des vesces, etc., dans les bonnes terres; les chaumes d'avoine d'hiver qu'on va remettre en vesce à l'automne, et ceux de vesce, qui seront, au contraire, semés en avoine d'hiver ou en seigle; les terres pour navets, etc.

Ils hersent fréquemment les terres en labour, sales de mauvaises herbes.

Ils binent et buttent les pommes de terre, maïs, etc.

Les journaliers binent les carottes, pommes de terre, maïs, betteraves, etc. Ils ébourgeonnent les pépinières, rament les haricots grimpants, repiquent les choux-navets, choux à vaches; chargent et épandent des fumiers, et prennent leur grande part des fenaisons et de la moisson.

Les femmes, pendant qu'elles ne travaillent pas aux foins ou à la moisson, sont principalement occupées de sarclages, car c'est le moment où les mauvaises herbes sont en graines, et il faut absolument les détruire partout, avant qu'elles aient eu le temps de se resemer, non-seulement dans les récoltes, maïs, pommes de terre, navets de Suède, betteraves, carottes, avoines et orges, pour les chardons, etc., mais encore sur les chemins et le long des haies, où la charrue ne peut pas les atteindre. Elles secouent, ramassent et brûlent le chiendent que les hersages ont amené sur le sol; enfin, dans ce mois, on récolte ordinairement la partie du chanvre qu'on appelle improprement la femelle, et qui est au contraire le mâle, puisqu'elle ne donne pas de graine. On commence le battage.

Les ouvriers à la tâche fauchent et moissonnent.

Dans les jardins, on sème des poireaux, scorsonères, ognons blancs, haricots de Hollande, dernière saison; des pois hâtifs, etc.; on greffe en écusson à œil dormant, et on ébourgeonne.

Août.

Vers la fin de ce mois, on sème l'avoine d'hiver, le seigle, le trèfle incarnat et les navets ou raves.

Les attelages charrient les froments, avoines, regains de trèfle et luzerne, pommes de terre Saint-Jean, fumier.

Ils labourent pour avoine et vesces d'hiver, orge d'hiver, seigles, etc., pour récolter les pommes de terre Saint-Jean.

On herse, roule et extirpe les jachères.

Les journaliers continuent les binages, lient et rentrent les avoines, orges, blés de mars; fanent les regains.

de luzerne, trèfle, prés naturels, les foins de marais, etc.; font rouir le chanvre et le lin, et battent le blé, avoine, orge et seigle.

Les femmes récoltent du chanvre, des graines de carottes, d'ognons, de haricots; elles continuent les sarclages, travaillent aux foins et aux récoltes d'avoines, pommes de terre, etc., et battent le blé, etc.

Les ouvriers à la tâche continuent à faucher.

Dans les jardins, on récolte l'ognon, on écussonne les cognassiers, merisiers, cerisiers, pommiers, amandiers, rosiers, etc. Enfin, on fait tous les semis d'automne, tels que navets, ognons blancs, romaines et laitues d'hiver, radis noirs, choux cabus, choux d'York, choux pain de sucre, carottes hâtives, etc.

Septembre.

Les semailles d'automne occupent presque seules tout ce mois.

Les attelages labourent et hersent pour semer les grains et fourrages d'automne; les charrois se bornent aux fumiers sur les jachères, quelques fourrages, etc.

Les journaliers récoltent les fruits, poires, pommes, cormes, noix, raisins, etc., quelques champs de betteraves; ils fanent les regains, épandent les fumiers.

Les femmes récoltent le chanvre femelle improprement appelé mâle; elles récoltent du maïs, des graines de carottes, du maïs quarantain, des haricots, des poires, pommes, noix, etc.; des pommes de terre, betteraves. Pendant ce mois, on fait les vendanges.

Les ouvriers à la tâche continuent à faucher et à battre, et reprennent les travaux de terrasse dans les parties humides l'hiver, tels que rivières à curer, fossés dans les marais, etc.

Dans les jardins, on met les raisins en sac, et l'on écussonne sur amandiers, rosiers, etc.

Octobre.

C'est dans ce mois qu'il faut régler ses provisions de fourrages, racines, etc., pour l'hivernage des bestiaux; continuer les semailles d'automne.

Les attelages continuent à fumer, labourer et herser pour enterrer, assainir, etc., les avoines d'hiver, vesces, orges d'hiver, seigles, froments, etc. Ils arrachent et rentrent les pommes de terre, betteraves, carottes, maïs, etc.

Les journaliers épandent des fumiers, nettoient les raies d'assainissement, curent les mares, font rouir le chanvre, récoltent et rentrent les pommes de terre, lupins, haricots, nèfles, coings, etc., betteraves, navets, topinambours, et continuent les vendanges.

Les ouvriers à la tâche préparent les trous pour les plantations de plaine, font des fossés, relèvent les coins de pièces ensemencées, etc.

Dans les jardins, on sème la laitue, etc., quelques pois au pied des murs; on repique les choux d'York, ognons blancs, laitues, etc., semés en septembre; on plante des arbres fruitiers, mais plus souvent en novembre; on butte les artichauts.

Novembre.

Les attelages terminent les semailles et commencent à préparer les terres pour avoine au printemps suivant.

Les journaliers achèvent la récolte des racines diverses, remuent les composts, etc.; commencent à faire les plantations en terre calcaire brûlante ou de plaine, à élaguer les avenues, etc.; effeuillent et entassent les navets, carottes, betteraves, etc.; font des fosses à pommes de terre et découvent le vin.

Les ouvriers à la tâche continuent les travaux de terrasse et plantations, réparations de chemins, etc.

Dans les jardins, on commence à tailler les poiriers; on couvre les artichauts, etc.; òn enterre ou on met dans l'eau les boutures d'orme, etc.

Décembre.

Les attelages fument et labourent pour betteraves et carottes, et continuent à préparer les terres pour avoines ou orges, blés de mars, maïs et chanvres; conduisent de la marne, et, sur les prés, des terres des chemins, des fossés, et des terreaux, etc.

Les journaliers épandent les terres, etc., sur les prés et les taupinières; continuent les plantations, élagages, etc.; taillent les pépinières, arrachent les arbres morts, chargent et épandent les marnes, etc.

Les femmes ramassent des feuilles, récoltent des navets de Suède, choux-navets, etc.; trient les racines pour porte-graines, etc.

Les ouvriers à la tâche continuent les travaux de plantations, terrasse, et commencent l'exploitation des bois taillis, futaies, etc.; ils font des provins aux vignes, et commencent quelquefois à tailler.

Dans les jardins, on continue la taille des poiriers et des pommiers, etc.

TABLE DES MATIÈRES.

Bordeaux. — Imprimerie GOUNOUILHOU, rue Ste-Catherine, 189.

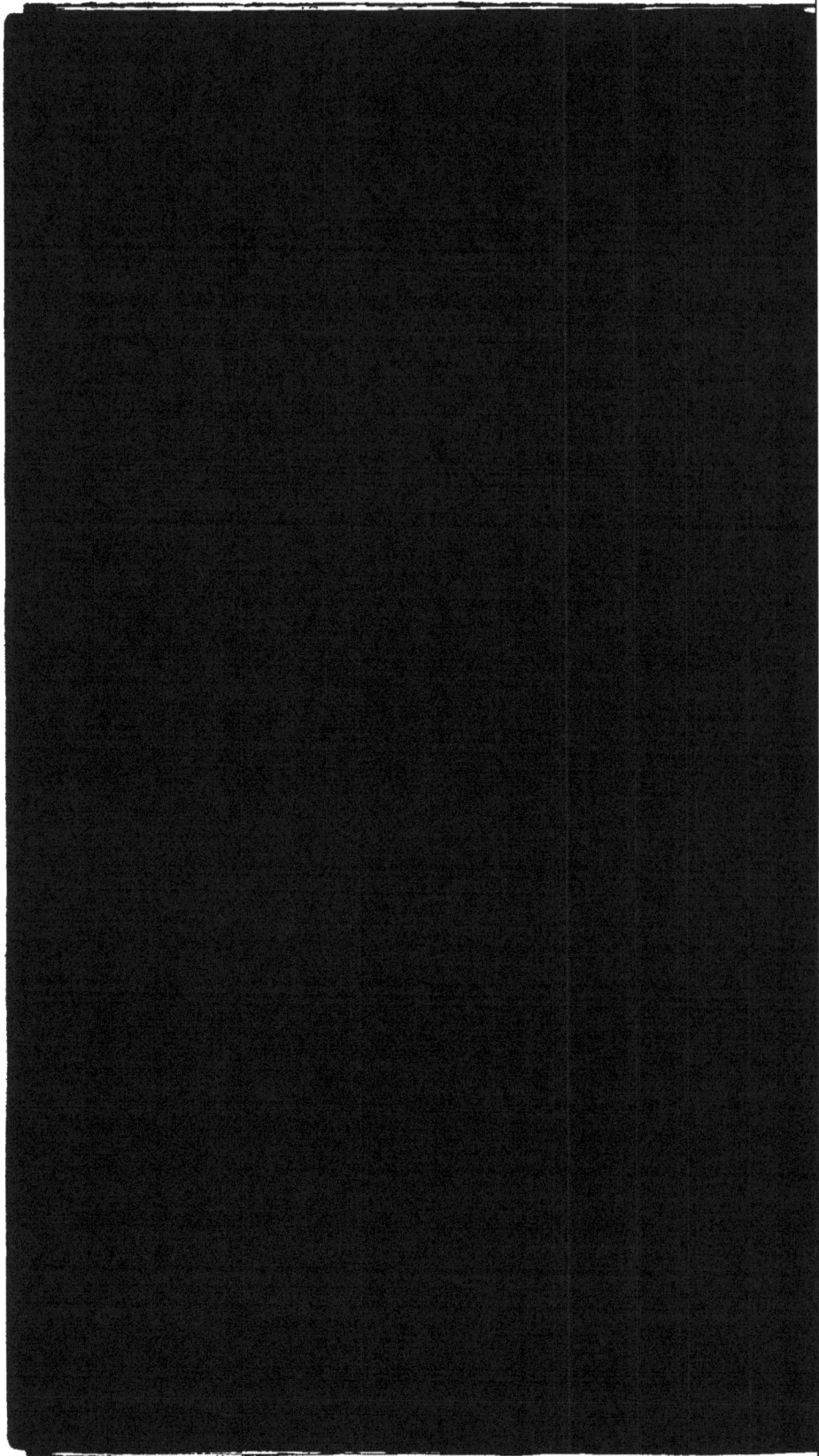

www.ingramcontent.com/pod-product-compliance
Lightning Source LLC
Chambersburg PA
CBHW070242200326
41518CB00010B/1653